国家自然科学基金项目·管理科学与工程系列丛书

基于异构社会网络的知识社区挖掘及学者相似度研究

刘　萍　著

国家自然科学基金青年项目（71203164）

科学出版社
北　京

内 容 简 介

本书围绕着异构社会网络中知识社区挖掘和学者相似度计算，在学科交叉的背景下，综合利用社会网络理论、社会资本理论、本体理论，提出：①基于社会资本理论的异构社会网络模型和知识社区发现方法；②基于关联网络链接分析的学者相似度计算方法；③基于本体的学者关联分析方法。全书以学者为研究对象，详细研究学者间多种学术关系的关联和融合，将单一节点、单一关系的学术网络扩展到多类型节点、多关系的异构社会网络，丰富和发展原有社会网络研究，对建立起更为广阔的语义社会网络研究范式具有一定的理论价值，同时也为科研组织创新团队管理提供决策支持。

本书可供管理类（如信息管理与信息系统、情报学、管理科学与工程等）、计算机类（如社会网络、语义网）专业或研究方向高校师生，以及各级科研管理和决策人员阅读参考。

图书在版编目（CIP）数据

基于异构社会网络的知识社区挖掘及学者相似度研究/刘萍著.—北京：科学出版社，2016

ISBN 978-7-03-048990-6

Ⅰ．①基…　Ⅱ．①刘…　Ⅲ．①科学工作者-研究　Ⅳ．①G316

中国版本图书馆 CIP 数据核字（2016）第 143517 号

责任编辑：徐　倩 / 责任校对：王　瑞
责任印制：徐晓晨 / 封面设计：蓝正设计

科 学 出 版 社 出版

北京东黄城根北街 16 号
邮政编码：100717
http://www.sciencep.com

北京京华虎彩印刷有限公司印刷

科学出版社发行　各地新华书店经销

*

2016 年 6 月第　一　版　开本：720×1000　B5
2016 年 6 月第一次印刷　印张：11
字数：212 000

定价：68.00 元
（如有印装质量问题，我社负责调换）

前　　言

在 21 世纪知识经济时代，知识创新是促进知识经济与社会可持续发展的基础和源泉，是推动科技进步和经济增长的革命性力量，也是提高国家综合国力和国际竞争力的强大保障。中国制定的《国家中长期科学和技术发展规划纲要（2006—2020 年）》和《中华人民共和国国民经济和社会发展第十一个五年规划纲要》明确提出加快科学技术创新和跨越，大力推进自主创新，加快建设国家创新体系。

在从"中国制造"到"中国创造"的战略转型过程中，科研组织扮演着极为重要的角色。科研组织中具有共同兴趣、经验、目的和研究背景的科研人员聚集在一起进行沟通交流形成的知识社区，能满足科研人员在其科研活动中进行学习、开放、交流、分享、团队合作及创新研究的需求。知识社区有助于集聚智慧、启迪思路，提升科研人员知识共享、协同与创新的效率和效果。对科研组织内的知识社区识别和挖掘已成为知识管理研究的新热点。

传统的知识管理强调信息技术（如搜索引擎、数据仓库、文献管理等），目标在于快速准确地将有用的知识传递给需要的人。然而第 1 代知识管理也暴露出明显的缺陷，那就是知识共享的不足。第 2 代知识管理更多地考虑人力资源和过程的主动性，注重营造知识共享环境，强调知识社区对知识共享的催化作用，反映了知识管理与组织社区学习相融合的趋势。识别组织中拥有共同需求和兴趣的人员，挖掘潜在的知识社区对于组织知识管理的理论和实践具有重要的意义。

知识社区的本质是社会网络，因此社会网络的理论和分析方法也适用于知识社区及相应的知识管理研究。近年来，社会网络分析与知识管理相结合的研究受到广泛的关注和重视，第 17 届知识工程与知识管理国际会议（International Conference on Knowledge Engineering and Knowledge Management，EKAW）、第 10 届知识与系统科学国际研讨会（International Symposium on Knowledge and Systems Sciences，KSS）和第 8 届知识管理国际会议（International Conference on Knowledge Management，ICKM）都把社会网络分析与知识管理的交叉研究作为焦点议题。社会资本理论是社会网络三大理论之一，从认知、关系、结构三个层面反映组织成员间多种复杂关系。社会资本蕴涵于社会网络之中，个人只有成为网络成员或建立网络联系，才能接触和利用社会网络资源，获取收益。对于知识社区的成员而言，这种收益就是共享知识及创新思想，在知识交流和共享的过程中不断形成及拥有创新思想的成员会逐渐成长为创新人才。

本书基于第 2 代知识管理以人为本的思想，营造服务于知识创新的知识共享环境，从异构社会网络（heterogeneous social networks）的视角进行"知识社区的挖掘和学者相似度研究"，本书的研究内容主要由三部分组成。

第一部分是知识社区的发现（第 2 ~ 5 章）。首先是对社区发现相关理论的概述，介绍社会网络理论、行动者网络理论、社会资本理论等相关理论。接着总结现有社区挖掘基础方法和最新研究进展。在此基础上提出基于社会资本理论的异构社会网络模型，并融合网络拓扑结构和节点属性进行知识社区发现及优化。

第二部分是学者领域知识结构挖掘（第 6 章）。第一部分社区挖掘是从网络中观角度进行的，然而即使是同一个社区的学者，个人研究专长也会有所不同。第二部分从网络的微观角度揭示每个学者的领域知识结构。本书提出学者领域知识网络模型，详细分析基于 LDA（latent Dirichlet allocation，即潜在狄利克雷分配）模型的学者研究主题挖掘方法，并以主题为节点，以主题间关系为边，构建知识网络，最终将关系紧密的主题划分为社团来揭示学者领域知识结构。

第三部分是学者相似度计算（第 7 ~ 9 章）。无论是潜在知识社区的发现或是个体领域知识结构的挖掘都是为了促进知识的交流和科研合作。探寻学者之间的关联度不仅能显化学者之间的关系，也能辅助科研合作推荐。本书重点阐述基于关联网络的学者相似度计算方法，以学者关键词共现网络为基础，以 SimRank 思想（即被相似实体指向的两个实体是相似的）为指导，充分挖掘网络中节点链接关系来计算学者间的相似度，实验结果证实基于 SimRank 的学者相似度计算能较好分析学者研究内容，有效提高学者间研究内容相似性的深度和准确性。本书第 9 章将本体理论与社会网络相结合，通过建立学术网络的本体概念模型，对异质学术网络的节点和关系进行抽象。通过定义本体推理规则，发现隐含的多维学者关系，构建加权学者网络。提出每一维度不同关系强度的计算方法，并按各关系的相对重要程度进行权重赋值，最终得到基于多种关系的学者相似度。

结合国内外研究，笔者认为本书的研究内容主要有以下三点创新之处：第一，针对单一的网络关系结构不符合现实世界中社会关系的复杂性、多样性特征，本书提出以社会资本理论为基础，从结构、认知、关系三方面考虑组织成员之间的关系，构建基于社会资本理论的多关系融合异质网络，具有首创性。第二，在社区发现和优化方面，充分利用节点属性信息中所包含的网络背景信息，提出基于词汇语义相似度的节点属性关联的计算方法，在基于模块度（modularity）优化的社区划分基础上，设计基于语义贴近度的信息熵方法来优化社区发现的结果。第三，将本体理论与社会网络理论相结合，补充异构社会网络中节点与关系的语义信息，创新性地提出基于本体推理的学者关联分析方法。

本书的研究得到国家自然科学基金项目（71203164）的资助，在此表示衷心的感谢。

异构社会网络的知识社区挖掘和学者相似度研究是一项艰巨而又复杂的工程。本书从社会资本的角度来挖掘和测度学者间多种关联，在揭示隐性知识社区和推荐相似学者方面进行一些探索，还有很多工作有待深入研究，恳请同行批评指正。

刘　萍

2016 年 2 月于武汉大学

目　　录

第1章 绪　　论

1.1　研究背景与目的

知识创新是通过科学研究获得新的基础科学和技术科学知识的过程,目的在于追求新发现、探索新规律、创立新学说、创造新方法和积累新知识。科研组织尤其是科研院所是国家创新体系建设的重要组成部分和创新主体之一,担负着基础性、战略性和前瞻性的研究工作。科研组织作为一种知识密集型组织,其生命力和竞争力在于不断创新并产生新知识。科研组织中拥有相同研究兴趣的科研人员自发地聚集在一起形成社区,促进了组织成员学习、开放、交流、分享、团队合作及创新研究,为头脑风暴等集体创新行为提供了方便的场所。

随着知识管理研究的不断深入,知识社区的概念逐渐吸引了国内外越来越多的学者关注,成为知识管理的一种重要的方法。知识社区是组织成员之间由于合作、交流、共享等形成的相对稳定的团体,知识社区可以是组织中的正式团体,如项目团队;也可以是非正式的团体,如有着共同兴趣爱好且经常相互交流的组织成员组成的团体。知识社区在知识的创造和传播过程中发挥着重要作用。知识社区的成员围绕相同研究兴趣进行交流,各种观点相互碰撞可以激发创造性,产生更多的新观点以及问题的解决方案,并在对别人的设想与方案的思考和质疑过程中发现现实可行的方法。知识社区有利于融汇集体智慧,促进创新思想的形成以及发现和培养创新人才。对知识社区的识别和挖掘也成为知识管理研究的新热点。

知识社区是社会网络的一种社区结构,因此社会网络分析方法也适用于知识社区挖掘研究。近十多年来不同领域的研究人员提出了很多社区挖掘方法,分别采用了来自物理学、数学、计算机科学等领域的理论和技术。尽管社区挖掘已取得了许多令人鼓舞的成果,但该问题还未被很好地解决。主要原因如下:①当前关于社区挖掘的绝大多数方法都假定社会网络中只存在一种关系,也就是说绝大多数被研究的社会网络都是同质网络。而现实是社会网络的节点间存在多种复杂的关系,如学术网络中学者间存在的合著关系、共事关系、引用关系等。采用传统方法挖掘的结果并不完全符合用户的真实需求。揭示多关系社会网络中的社区结构仍是一个挑战。②绝大多数社区挖掘技术关注的是网络拓扑结构，而社区的识别基于链接或结构的相似度，在聚类过程中没有考虑节点的属性信息，忽略了节点间的内在联系。

针对目前社区发现研究的不足，本书将社会网络理论和分析方法引入知识管理的研究，从社会资本的角度识别和挖掘知识社区。研究针对科研组织成员的多关系社会网络模型，探索结合网络结构和内容的社区发现方法，识别科研人员知识领域，分析计算科研人员相似性，推动科研人员的知识交流与共享。

1.2　国内外研究现状

社会网络理论的理论基础被认为是 Stanley Milgram 提出的"六度分割理论"（six degrees of separation），Stanley Milgram 通过一个连锁通信实验证明了"六度分割理论"，理论指出，最多通过六个人就能够认识任何一个陌生人，该理论也被称为"小世界理论"。1998 年，Watts 和 Strogatz（1998）提出基于人类社会网络的网络模型，通过调节一个参数它就可以从规则网络向随机网络过渡，该模型被称为 WS 小世界模型；1999 年，Barabasi 和 Albert（1999）提出了复杂网络的无标度性并建立了无标度网络模型。至此，社会网络形成了初步的理论研究基础，应用范围越来越广泛，吸引了大量不同学科、不同背景的研究者和实践者。本书从社会网络中社会资本的角度挖掘潜在的知识社区，涉及三个方面的研究：一是社会网络模型；二是知识社区；三是社区发现。以下简要分析有关方面的研究进展。

1.2.1　社会网络模型

社会网络模型通常用来描述网络社会结构和社会联系。在社会网络模型研究中，通常将社会网络表示为一个图——$G = (V, E)$，其中，V 代表社会行动者，E 代表行动者之间的关系。社会网络模型构建的重点在于行动者之间关系的抽取。社会行动者之间可能存在多种关系，如血缘关系、朋友关系，或是人与机构的隶属关系、机构与机构的隶属关系等，如何在复杂多样的关系中抽取提炼出有价值的关系信息是一项至关重要的工作。针对这个问题，研究人员从体现行动者之间关联的数据库中抽取关系作为社会网络的边，构建网络。这些关系包括邮件关系、合作关系、交流关系等。代表性的研究包括：彭玲（2010）通过搜集分析邮件数据集，获取邮件的收发关系，以及相应的邮件主题、内容、收发时间等信息，在此基础上计算两个人之间的联系频率，以人为节点，以联系频率为边的权重，构建了邮件网络，并通过改进的社区挖掘算法得到邮件网络的社区结构；王福生等（2009）通过提取合著论文作者的合作关系，建立科研合作网络模型，验证了网络节点的度分布；肖连杰（2010）依据合著论文确定节点间边的关系，并结合合著论文的篇数与学术价值，即学术影响因子、期刊级别两个方面共同计算边的权值；杨洪勇和张嗣瀛（2008）通过统计期刊的学术论文，建立科研合作网络的演化模型，通过网络节点度的分析，研究作者间合作方式及团队发展模式；王辉等（2011）从典型的大规模 Web 社会网络 DBLP（Computer Science Bibliography，即计算机科学文献库）中抽取数据源，构建大型科研合作网络；袁毅和杨成明（2011）跟踪微博用户在时间周期内关于特定话题的交流数据，依据用户在信息交流过程中形成关注、评论、转发和引用四种行为的频率，分别探究微博用户信息交流过程中所形成的社会网络；孟徽和邓心安（2009）通过采集图书情报学（library and information science，LIS）领域核心期刊的论文数据，建立关于情报学的社会网络，并通过对节点度、介数和接近度的综合比较，分析了作者的影响力。

　　上述的关系抽取都是针对网络中的单一关系进行的，根据单一关系构建的网络是一种单关系同质网络，这种网络中，节点之间只存在一种单一关系。但随着社会网络研究的不断发展，研究者发现单一网络关系结构已经不足以解决现实中的复杂问题，因此，异构社会网络应运而生。在社会网络研究中引入异质关系的概念，反映了多种关系的共同存在，使分析更具有个性化，满足不同角度观察者的需求。研究者通过选取能够表征实体间某种特种的多种关系，构建存在多种关系的异构社会网络。代表性的研究有：张福增等（2007）通过提取科研人员之间的合作关系、引文关系及讨论等情景建立了一个不同权重的有向科研影响关系网络，根据该网络的关系矩阵给出了衡量科研人员影响力的指标和计算方法；Mucha等（2010）通过扩展模块度研究异质关系网络的多尺度社区结构，并将之用于分析美国某大学在校学生因四种社会关系构成的异质关系网络；Szell 等（2010）以一个大型多用户在线网络游戏的用户社会关系网络为对象，研究了异质关系网络中多种关系并存对网络结构（包括社区结构）的影响；张伟哲等（2012）构建了以论坛中主题及其回复为关系的异构网络模型，并提出了一种基于异质网络的意见领袖社区发现算法来挖掘论坛中的意见领袖社区。在上述的研究中，研究人员虽然考虑了通过抽取多种关系来构建异构社会网络，但是并没有考虑到这些关系之间重要程度的差异性。对于研究对象的某个需要表征的特征，多种关系体现出的重要程度不同。如何根据研究对象的特征和实验目的来确定每一种关系的重要性程度，是研究工作面临的一个挑战。本书将尝试通过社会资本理论来抽取三种能够表征研究人员的研究兴趣相似度的关系，并通过机器学习的方法来确定每一种关系所对应的权重系数，以此来构建科研组织中基于研究兴趣的由多种关系融合而成的异构社会网络。

1.2.2　知识社区

知识社区的概念是在知识管理的基础上提出来的。随着知识管理研究的逐渐深入，知识社区作为知识管理的一种重要的方法，已经被越来越多的研究者关注。知识社区是组织中以知识交流和知识共享为目的，组织成员自发或半自发由于合作、交流、共享等形成的相对稳定的团体。陈永隆和庄宜昌（2003）认为知识社区是"透过网络社群的互动与分众特色，辅以实务社群的搭配运作，建立以专业技术与知识领域为主的讨论区、专栏区、留言版、聊天室、读书会、研讨会等，让企业内部的知识工作者能够经由选择特定的专业领域，与其他具有相同专业领域或对该专业领域有兴趣的跨部门员工，进行互动并创造知识、分享知识的平台"。知识社区分为两种形式，即实体知识社区和虚拟知识社区。

实体知识社区是指组织中一群具有特殊专长或工作的群体成员，为了促进彼此间的知识交流与共享，使工作更加高效率，在广泛的交流学习和互相帮助过程中，形成了有着共同的兴趣或目标，以及分享或研究与工作相关的知识和经验的共同愿望，由此所形成的一种特殊的建立在工作与实践基础之上的组织或团体（任曼，2011）。知识社区可以是组织中的正式团体，如项目团队；也可以是非正式的团体，如有着共同兴趣爱好且经常相互交流的组织成员组成的团体。在知识社区中，组织成员通过交流和学习、分享的活动，可以不断地促进显性知识和隐性知识的转化与创新，进而实现组织的知识共享与知识创新。

随着信息技术的不断发展，互联网开始渗透到人们生活的每个环节中，人们迫切地需要一种更加便捷化、高效率的知识管理方式，于是，知识交流开始逐步转入互联网的平台，互联网成为知识交流的全新趋势，因此，基于互联网的虚拟知识社区应运而生。秦鸿（2007）认为，虚拟的知识社区是现实社区的网络缩影，它是通过现代信息技术的支持，以知识创造和传播为目标的、现实与虚拟载体相结合的一种有着空前灵活性和创造力的新型社区。

目前的研究中，对知识社区的研究主要集中在这些方面：①数字图书馆的知识社区关系及构建的研究。2004 年，日本筑波大学知识社区研究中心召开了以"网络化信息社会中数字图书馆与知识社区"为题的研讨会，对数字图书馆和知识社区的关系进行了重点分析，会议认为，数字图书馆是网络基础设施的重要组成部分，知识社区是更高层次的信息组织和交流模式。秦鸿（2007）分析数字图书馆和知识社区的关系，并探讨了知识社区的分类及知识组织工具。王利萍等（2007）通过对图书馆 2.0 服务模式的分析，研究了图书馆 2.0 开放式网络知识社区的构建原则及其功能的实现。陈红勤和曹小莉（2011）将图书馆网络社区的知识传播机制划分为知识建构、知识转移和共享、知识创新、知识服务机制四种，进而探讨了知识建构系统框架、知识转移过程、知识创新的通用模型和途径，以及知识服务的构成要素和过程。陈廉芳（2012）分析了图书馆知识社区联盟构建的必要性和可行性，并探讨了图书馆知识社区联盟的数字资源整合、联合参考咨询和用户教育等功能模块的实现。曹志辉（2008）分析了数字图书馆与知识社区的关系并论述了数字图书馆知识社区的构建方式。②基于工作与实践社区研究。Lave 和 Wenger（1991）提出实践社区（communities of practice，CoP）的概念，将其定义为"关注某一个主题，并对这一主题都怀有热情的一群人，他们通过持续地互相沟通和交流增加自己在此领域的知识和技能"。实践社区是指成员间的那种非正式的工作联系性群体，从知识管理的角度出发，实践社区常被称为知识社区。目前，实践社区的研究还主要集中于国外的研究，主要讨论了实践社区的定义、类型、构建原则、社区成功及失败的影响因素等。Bielaczyc 和 Collins（1999）认为实践社区是知识管理的重要工具，可以提供讨论的场合，使知识可以通过讨论扩散。Wenger 等（2002）提出了设计实践社区的七条基本原则。石文典等（2008）针对人性特征研究实践社区知识传播的影响作用。③基于知识社区的 E-learning 模式的研究。王知津和谢瑶（2008a，2008b）论述了 E-learning 及知识社区的概念与特征，提出了基于知识社区的 E-learning 模式的构建，并以美国应用材料公司（Applied Materials Inc.，AM）成功实施基于知识社区的 E-learning 为案例，从战略、技术、流程和人力资源四个管理层面来分析其基于知识社区的 E-learning 的构建过程，并探讨了企业实施基于知识社区的 E-learning 的关键成功因素。④知识社区在企业中的应用研究。李毅心和任南（2007）针对我国中心型企业如何建立实体知识社区和虚拟知识社区进行研究，他们认为知识社区的建立直接支持知识获取和知识共享，有助于员工间隐性知识的共享，为知识创新提供了基础。谈涟亮（2003）认为企业知识社区的构建是多层次、全方位的，从上至下、从里向外涉及了企业的各个方面，包括员工的意识和工作的方式。⑤知识社区对教育推新及对信息社会影响的研究。李文娟和王宇辉（2008）对远程教育中知识社区的建设问题进行了分析，并提出远程教育中知识社区建设的重点在于规范显性知识，挖掘隐性知识，促进交流共享，同时也提出了要合理应用技术、开展制度建设、构建网络平台等建设意见。黄禧凤（2012）结合高校英语文化知识社区构建的研究背景，阐述了英语文化学习中引入知识协同理论的优势，研究了基于知识协同的英语文化知识社区的功能模块和服务流程。

1.2.3　社区发现

社区发现是社会网络研究的重要内容之一，并直接关系到网络系统中的中观度量与对应的共性规律，是一个基础问题，在过去十多年内吸引了很多学者的关注。目前国内外关于社区发现的研究比较多，取得了一些重要的进展，本书将从社区的定义及社区发现的方法两方面来总结国内外的社区发现研究现状。当前主要的社区发现算法有图划分方法、子图聚合算法和基于优化的方法。第一，图划分的方法一般是自顶向下把图分成不相连的子图，如 Flake 等（2002）提出的最大流/最小割方法；Girvan 与 Newman（2002）提出的基于边介数的社区发现的 GN 算法；Tyler 等（2003）将统计方法引入基本的 GN 算法中提出的近似 GN 算法；Radicchi 等（2004）提出了连接聚类系数（link clustering coefficient），取代 GN 算法的边介数；Kim（2007）提出基于边的谱分解算法。第二，基于子图聚合的方法，是基于一定的子图距离度量方法，自底向上合并子图，生成社区结构。例如，Newman（2004a）提出的模块度，以及基于模块度的聚合算法就是属于一种平均连接聚合方法。第三，基于优化的方法是指基于局部搜索的优化策略，主要有 Kernighan-Lin 算法（KL 算法）（Newman and Girvan，2004）、快速 Newman 算法①（Newman，2004a）和 Guimera-Amaral 算法（GA 算法）（Guimera and Amaral，2005）。另外，现有的社团结构分析算法大多数将网络划分为若干相互分离的社团，无法对彼此重叠、互相关联的社团结构进行分析，针对这一问题，赵鹏等（2008）根据交联网络的结构特点，提出了交联网络中的可重叠社团结构分析算法（algorithm to analyze overlapping community structure of intersection networks）。朱大勇等（2009）以相异性指数作为网络节点的距离度量，结合模块度提出用遗传聚类来分析和发现网络社团结构。这些算法为社会网络中社区结构的发现提供了技术支持。

由于各类社会网络的节点和边的意义不尽相同，而且目前对社区的定义还没有一种统一的认识，不同研究领域的研究者由于研究对象和目的的不同，对社区划分结果的期望值不同，因此，也没有一个统一的评价标准来对上述算法的好坏以及社区划分结果的优劣进行评价。目前，对社区划分结果的评价主要是基于网络的拓扑结构，通过计算网络的模块度、密度、凝聚力等结构指标来判断。这种评价的方法将任何类型的网络都看做网络图，从图论的角度出发来判断划分结果的优劣。但这种做法仅仅考虑了网络的结构信息，却忽略了网络自身所拥有的内容信息。因此，研究者认识到使用语义结构模型可以很好地表达社会网络中的语

---

① 即社区发现 FN 算法，fast algorithm for detecting community structure in networks。

义信息,他们将网络的内容信息与网络结构特征结合起来,针对具体的问题对社区划分的结果进行优化。利用已有的语义模型对社区进行建模或者将语义信息融入传统的社会网络模型中,使用语义网资源描述框架(resource description framework,RDF)和网络本体语言(Web ontology language,OWL)等工具可以对本体与网络资源进行语义描述。目前互联网上最流行的社会网络本体应用是FOAF(friend-of-a-friend)(FOAF,2015),其提供了 RDF/XML(extensible markup language,即可扩展标记语言)字典来描述个人信息。在人际关系基础上形成信任网络,可以进行知识的发布和共享(Ding et al.,2003),从而形成 Web 社区(Lawrence and Schraefel,2006);J. Tang 等(2008)构建了一个 ArnetMiner 系统,用扩展的 FOAF 本体来标注社会网络;Jung 和 Euzenat(2007)构建了三层的语义社会网络分析框架,包括社会网络层、本体网络层和概念网络层,社会网络成员间关系的衡量采用基于概念层的概念相似度和本体层的本体相似度。

但语义模型大多都用于对社区进行发现和挖掘的过程,不太适用于社区优化尤其是进行社区分割、合并和用户动态迁移的场景。现实可行的办法是在网络中为节点加上具有语义信息的属性。节点属性信息包含了节点在网络中的背景信息,能够反映成员感兴趣的内容。这些丰富的非拓扑信息使社会网络分析不再局限于网络拓扑结构层面,而是从不同的语义层面展开。Cantador 和 Castells(2006)通过对概念及社会网络成员的聚类得到一种多层的语义社会网络。Cruz 等(2011a,2011b)在社区发现的过程中将语义信息与社会网络的拓扑结构相结合,提出基于整体模块度最优的社区挖掘算法。曹源(2008)通过分析个人文献提取每个科研人员的关键词及权重形成用户兴趣向量,构建用户兴趣模型,计算出用户研究兴趣的相似度并以此为边的权重,构建基于用户兴趣的科研社会网络。Dang 和 Viennet(2012)在构建的社会网络模型中为每个节点添加了属性向量,并在此基础上提出了两种基于节点属性与网络拓扑结构分析的社区发现方法。Steinhaeuser 和 Chawla(2010)综合考虑节点属性与网络结构特征,提出了基于节点相似性的边的赋权方法(node attribute similarity,NAS),并以此为基础提出基于随机游动的社区发现方法。Zhou 等(2009)提出了将网络结构与节点属性的相似性相结合计算距离的方法,平衡了图中结构与各点属性的关系,将属性转化为一种附加的结构,达到属性与结构的统一。

1.2.4　相关工作小结

综上所述,国内外学者从不同角度对社会网络进行了持续不断的探索,取得了丰硕的成果,但同时也存在一些不足。首先,国内外学者所研究的社会网络绝大多数是单一关系的同质网络，不能很好地刻画现实网络中多种关系相互交织的现象，因而异构社会网络将成为未来研究的重要趋势。其次，目前社会网络中社区发现模型多数依赖节点关系，忽略了节点属性所附带的语义特征，因此有必要结合节点属性和网络结构对社区发现进行定量与实证研究。本书在借鉴和吸收国内外已有相关研究成果的基础上，提出利用社会资本理论选取科研组织中基于研究兴趣的多种关系并构建社会网络模型，增加节点属性来丰富社会网络的语义内容，结合结构和内容来优化社区划分。将社会资本、知识组织与社会网络有机结合进行研究，既具有理论创新性，也具有实践应用性。

1.3　研究的主要内容与方法

本书探讨基于异构社会网络的知识社区挖掘与学者相似度研究，主要包括以下五个方面的研究内容。

（1）基于社会资本的网络模型研究。组织的社会网络模型是对成员集合及其关系的一种抽象表示。现有的社会网络模型通常是基于图论的模型，将网络建模为一个图 $G=(V, E)$，V 代表网络的节点集合，E 表示网络中边的集合，该模型不能很好地反映科研组织中人员的多种关联，并且忽略了人员自身的属性特征。本书提出多关系社会网络模型，主要研究多关系的选择、关联强度的计算及节点属性的表示与相似度计算。其中对多关系的选择，主要是基于社会资本理论。作为社会网络的三大理论之一，社会资本是个人或群体的人际关系网络，由认知维度、关系维度和结构维度组成。在科研组织中，认知维度的关联体现为成员之间具有相同的研究兴趣，关系维度的关联体现为成员之间的合作经历，结构维度的关联体现在科研组织的层级结构上。

（2）知识社区发现及优化。社区结构是社会网络的重要特性，代表了社会网络中具有相同兴趣或偏好的团体。社区发现旨在挖掘网络中的一些关系比较紧密而又具有相似兴趣的子团体。目前针对社区发现的研究主要集中在内容分析及聚类和结构分析两个方向。本书将采用结构分析和内容分析相结合的社区发现方法。首先通过加权 WGN 算法（weighted GN algorithm）获得社区划分的初步结果，其次利用节点属性的相似度对社区划分结果进行优化。

（3）学者领域知识结构挖掘。从网络的微观角度揭示每个学者的领域知识结构挖掘。本书提出基于知识网络的学者领域知识结构表示，主要研究学者领域知识的构成、学者领域知识网络模型及构建方法，以及知识网络的划分，以此来揭示学者领域知识结构。

（4）学者相似度计算。学者相似度计算是学科知识结构探测、相关学者推荐、链接预测的基础研究问题。现有的学者相似度计算都是通过属性间的某种直接关联来计算学者间的相似度，忽略了属性间的间接关联。本书提出一种新的基于关联网络的学者相似度计算方法，以学者关键词关联网络为基础，采用SimRank 算法充分挖掘网络中节点链接关系来计算学者间的相似度，实验结果证实基于 SimRank 的学者相似度计算能较好分析学者研究内容，有效提高学者间研究内容相似性的深度和准确性。

（5）语义社会网络建模及学者关联分析。目前社会网络分析主要是对行为者之间的社会关系进行定量化分析，侧重的是网络结构的分析，而忽略了节点与节点间关系的含义。本书将本体理论与社会网络相结合，主要研究针对学术网络的本体构建、基于规则的学者间关系推理与发现，以及学者间多维关系的测度。最后用一个计算语言学领域学术网络对语义社会网络及学者关联分析方法的有效性进行验证。

本书在研究和写作过程中主要用到文献调研法、多学科交叉法、建模分析法及实证研究法四种：

（1）文献调研法。广泛搜集国内外相关文献资料，把握国内外在社区探测、社区划分、个体知识结构挖掘、学者关联分析等领域的前沿动态，修正与完善本书的研究思路和内容，细化工作思路和研究内容。

（2）多学科交叉法。知识社区探测与挖掘是一个跨学科、跨领域的前沿课题，本书将综合使用社会网络分析方法、网络聚类方法、图划分、社区探测等方法，对实验进行分析与评价。

（3）建模分析法。通过数学模型和形式化模型的建立与分析，探求面向科研型组织的异构社会网络构建，在此基础上设计基于网络整体模块度最优的知识社区划分优化方法，对提出的方法进行验证，检验模型的可靠性。

（4）实证研究法。在相关理论研究的基础上，以典型科研型组织——武汉大学信息管理学院为例，对所提出的异构社会网络模型、社区探测及学者相似度计算方法进行实验、分析、评价和优化。

第 2 章   相 关 理 论

知识社区的本质是一种社会网络，因而可以将社会网络的分析方法应用到科研组织中科研合作网络的构建及知识社区发现的研究中。因此本章首先从社会网络理论出发，介绍社会网络及社会网络分析的基本方法与内容。进而引入行动者网络理论，为异构社会网络的出现与研究提供理论支持。在异构社会网络的研究中，多关系的选择和融合一直是一个有待解决的问题，因此本章还将介绍社会资本理论，尝试将社会资本理论与异构社会网络理论相结合来探究多关系的选择和融合问题。最后为充分挖掘和利用异构社会网络的数据，本章将介绍本体理论及其在社会网络分析中的作用。

2.1   社会网络理论

社会网络是指人或者组织因信息交流而形成的网状关系结构。现实生活中存在着大量科技、商业、经济和生活的社会网络实例，如合著网络、客户网络、企业战略联盟网络、微博网络等。社会网络研究由来已久，最早可追溯到 20 世纪 30 年代的社会学和心理学研究。从 1930 年到 1970 年，越来越多的人类学家和社会学家开始关注社会网络，并且对社会结构的表述趋向于形式化。1970 年之后，随着计算机技术的发展，复杂网络研究急剧发展。社会网络分析研究与数学图论和计算机技术结合得更加紧密。社会网络研究受到了广泛的关注，发展成为一个涉及社会学、人类学、数学、物理学、计算机学等多个学科的交叉领域。

2.1.1   社会网络定义及分类

社会网络是由行动者及连接行动者的社会关系组成的。行动者可以是人、组织或者一组行动者的集合。行动者间存在着大量的社会联系。随着研究的发展，社会网络中的节点不单局限于人，社会网络中的关系也不仅是社会关系。例如，包含学者、论文、会议等多种节点和关系的学术网络也被认为是一种广义的社会网络。但人与人之间的关系仍然是社会网络中最重要的关系。按照 Erétéo 等（2009）的划分法，人与人之间的社会联系分为三类：①人与人之间的显式关系。②行动者因交流和沟通产生的互动关系。③行动者间的相关关系。

显式关系包括所有现实生活中我们可以定义的联系，如人与人之间的父母关系、子女关系、熟人关系、同事关系，人与组织之间的成员关系、雇佣关系，组织间的上下级关系等。最早的时候，社会网络数据主要是依靠面对面访谈和纸笔记录的方式收集的，通过对显式声明自己与他人关系的人做实验建立社会网络。例如，最著名的社会网络之一，Zachary（1977）空手道俱乐部社会网络。随着俱乐部内部不同冲突的出现，行动者的社会联系不断建立和消失，该网络结构分裂为两个聚集的集团。对应的数据集是通过采访行动者间关系得来的。如今，大量这类公开的关系信息存储在互联网或者线下数据库中。

互动关系是指行动者间所有可以被观察到的交流，如一次讨论、一次会议、一次合作及其他两个行动者都参与的行为。一般来说，基于互动关系的社会网络的构建是通过对包含至少两个行动者的行动观察实现的。任何包含两个行动者的交流行为都可以看成行动者间的互动，由此产生二者间的互动关系。

相关关系是指行动者之间的相似性，如它们有共同的兴趣、有共同的目标、参与共同的活动或者组织等。有大量社会网络是通过分析行动者之间的相似性而推理和收集得到的。行动者具有相似性很多时候是因为它们之间存在某种交互。同时，当行动者有共同特征时，它们倾向于表现相似的行为。这种基于行动者的相似性建立的关系可以被称为相关关系。例如，基于雨果小说《悲惨世界》建立的人物关系网络（Knuth，1993），当两个角色出现在同一个场景时，他们之间就具有了相关关系。该社会网络经常被用于进行各种实验，特别是社区划分算法评价实验。

按照社会网络的边有无权重，可以将社会网络分为加权社会网络和无权社会网络。加权社会网络中的权重表示联系的强度信息；无权社会网络只能表示联系存在与否。按照社会网络的边有无方向性，可将社会网络分为有向社会网络和无向社会网络。按照社会网络中节点和边的种类数据，可将社会网络分为同质网络和异质网络。当社会网络中仅有一种边和节点时，社会网络为同质网络；当社会网络中有两种及两种以上的节点或边时，社会网络为异质网络。含有多种节点和多种边的网络分别被称为多模社会网络和多关系社会网络。

2.1.2　社会网络的表示

20 世纪 30 年代，Moreno（1933）首次将社会网络表示成社会关系网图的形式。社会关系网图是由代表人的点以及代表人与人之间关系的线组成的。这种表示方法可以凸显出某些社会网络中的特征。例如，Moreno（1933）提出了"星"的概念，用于描述网络中与他人存在最多关系的人。Harary 和 Norman（1953）基于图论建立了社会网络的数学模型。在图中，节点代表行动者，边代表行动者之间的联系。Scott（2000）总结了 20 世纪图论在社会网络分析中的应用。图结构是目前社会网络的主要数学模型，并被广泛应用在社会学、计算机科学、经济学中。通常情况下，基于图论，社会网络被形式化表示如下：

$$G = \{V, E\}$$

其中，G 代表社会网络；V 是社会网络中的节点集合；E 是节点间关系集合。E 中的每条边连接 V 中的一对节点对。当图中任意节点对（V_i，V_j）和（V_j，V_i）对应同一条边，则为无向图，该社会网络称为无向社会网络，否则为有向社会网络。当每条边具有权重，图为加权图，社会网络为加权社会网络，否则为无权社会网络。

　　不同类型的社会网络基于图论的模型不同。关系对称的无向社会网络可以用无向图来表示。Zachary 空手道俱乐部网络就是由一种无向无标签简图来表示的。相反，有向图适合表示关系有方向性（如引用关系）的有向社会网络。加权社会网络用加权图来表示。在加权图中，权重附加在边上，用于表示关系的强度，如用于表示人之间交流的频率。标签图适合表示包含不同关系类型的多关系社会网络。二部图主要用于表示包含两种节点类型的异质网络。包括多种类型边和多种类型节点的异质网络，如节点包含学者、论文、期刊的学术网络，需要用超图来表示。超图虽然能表示异质网络，但具有结构抽象、复杂及可理解性差的缺点。

　　矩阵是用来表示图的常用数学对象。矩阵是一种长方形的值表，每个单元可以用 a_{ij} 来表示，其中 i 表示行值，j 表示列值。一般来说，存在两种用于表示社会网络的矩阵，即邻接矩阵和关联矩阵。邻接矩阵描述图中各个节点的连接关系，矩阵中的行和列代表图中的节点，而 a_{ij} 代表节点 i 和节点 j 的边。而关联矩阵则描述网络中的节点和边的连接关系。除同质网络外，代表异质网络的超图同样可以用矩阵来表示，但不具备自解释性，人和计算机均不易理解。

2.1.3　社会网络分析

　　社会网络分析方法从社会学领域诞生后，通过定量分析的演化，逐渐在各领域得到推广和利用（裴雷和马费成，2006）。在图情领域，社会网络被广泛应用于知识网络的研究。不同的知识单元（如文献、作者、机构、期刊、学科、主题词和关键词等）因各式各样的关联而形成了复杂的知识网络系统（刘晓英，2010）。

大量研究人员利用社会网络的理论和分析方法对文献引文网络、作者合著网络、文献耦合网络、机构合著网络、关键词共现网络进行研究，以挖掘科技文献网络的结构特性（Huang and Wang，2010），探测前沿研究领域（Chen et al.，2010），识别科学合作行为模式（Abbasi et al.，2011），评价科研团队的核心人员（肖连杰等，2010），揭示科学交流的特征和规律（丁敬达，2011），等等。本书对社会网络分析研究的主要内容和研究方法总结如下。

1. 社会网络分析的主要内容

根据具体标准的不同，社会网络分析的研究内容也不同，其中，比较有代表性的一种分类方式是由刘军（2009）提出的根据"网络的类型"分类，可以将社会网络分析的研究内容分为个体网（ego-networks）、局域网（partial networks）和整体网（whole networks）。

（1）个体网。个体网是指由一个个体及与之直接相连的个体所构成的网络。个体网的研究内容主要包括关系的类型研究、密度、同质性、异质性、相似性研究等。

（2）局域网。局域网是由个体网及与个体网络成员有关联的其他点构成的，局域网中的关系少于整体网而大于个体网。可以将局域网分为 2-步局域网、3-步局域网。2-步局域网是指由与"自我点"距离不超过 2 步的点构成的网络，同理，3-步局域网是指与"自我点"距离不超过 3 步的点构成的网络。

（3）整体网。整体网是指由所有的成员及成员之间的关系构成的网络。整体网的研究内容主要包括图论性质、密度、距离、子图、角色与位置。

综合来看，社会网络分析的主要研究内容包括网络密度、距离及结构研究，其中结构研究有"中心性"分析、小团体分析、角色分析及结构洞研究等内容。根据目前文献调研结果，大部分学者在社会网络分析时都会选用相应的分析指标，下面对社会网络分析时常涉及的几个基本概念做简要介绍。

1）度

在社会网络中，一个行动者被看做网络中的一个节点，节点通过各种关系连接起来形成网络中的边，某个节点的度（degree）定义为与该点相连的其他节点的数目。如果网络是一个有向网络，那么节点的度又分为入度（in-degree）和出度（out-degree）。入度是指从其他节点指向该节点的边的数目，出度是指从该节点出发指向其他节点的边的数目。

2）密度

网络密度（density）衡量了该网络对处于网络内行动者的行为产生影响的能力，联系紧密的网络不仅为其中的个体提供各种资源，也成为个体发展的重要力量，网络的密度通过网络中"实际关系数"除以"理论上的最大关系数"

来测量（刘军，2009）。

3）距离

在网络中，两点之间的距离（distance）为两点之间的最短路径的边的数目，即两点之间最优路径的长度。

4）直径

在网络中，任意两点之间的距离反映了可达的概率大小，基于整体网络的距离反映了网络的整体可达性指标。复杂网络中的直径（diameter）定义为任意两个节点之间距离的最大值。

5）聚类系数

一般情况下，类别之内的个体联系比较密集，而类别之间的个体联系较少，这是所有聚类方法遵循的基本原理。聚类系数（clustering coefficients）描述的是一个节点的邻居仍为邻居的特性，复杂网络的聚类系数等于所有节点聚类系数的平均值，而节点的聚类系数等于其邻居节点之间实际存在的关系数与可能存在的关系数的比值。

2. 社会网络分析的研究方法

由于研究方向的目标不同，社会网络分析可以采取多种研究方法，其中较常见的有中心性分析、凝聚子群分析、社会网络关联性分析、结构洞与关联性分析等。下面主要介绍前两种研究方法。

1）中心性分析

"中心性"是社会网络分析的研究重点之一。在网络中，将节点的中心性分析称为中心度分析，将整个网络群体的中心性分析称为中心势分析。中心度刻画的是某个单独行动者在网络中所处的核心位置，中心势则刻画的是网络的一种中心趋势。几种常用的中心度和中心势指数包括度数中心度（中心势）、中间中心度（中心势）和接近中心度（中心势）。其中，点的度数中心度（point centrality）和中间中心度（betweenness centrality）在衡量个人影响力、确定学科或组织核心人物时使用广泛。

度数中心度认为，如果一个点与许多点直接相连，那么这个点就具有较高的度数中心度，则称这个点居于中心，很可能拥有较大的权力。度数中心度通过计算与该点直接相连的点的个数来测量。

中间中心度由 Freeman 提出，他认为，"如果一个行动者处于许多交往网络路径上，那么这个人处于网络的重要位置，因为处于这种位置的个人可以通过控制或者曲解信息的传递而影响群体"（Freeman，1979）。可以认为，如果一个行动者（点）处于许多其他节点对的捷径（最短路径）上，则该点有较高的中间中心度。

接近中心度（closeness centrality）是一个点与图中所有其他节点的捷径距离之和。如果一个点与网络中所有其他点的距离都很短，那么这个点就具有较高的接近中心度。只有当一个社会网络图为连通图时，才能计算网络中节点的接近中心度，因而节点的接近中心度在实际分析过程中应用较少。

一般来讲，上述三种中心度是相关的，三者之间可能存在的关系如表 2-1 所示（刘军，2009）。

表 2-1　三种中心度之间的关系

中心度之间的关系	度数中心度低	接近中心度低	中间中心度低
度数中心度高		所嵌入的聚类远离网络的其他点	"自我"的联络人是绕过他的冗余的交往关系
接近中心度高	是与重要人物有关联的关键人物		在网络可能存在多条路径，自我与很多点都接近，但是其他点与另外一些点也很接近
中间中心度高	"自我"的少数关系对于网络流动来说至关重要	此类点极少见，其意味着"自我"垄断了从少数人指向很多人的关系	

2）凝聚子群分析

群体是社会学研究的重要内容之一，社会网络领域对群体的研究主要是从形式化的角度出发的，目的在于分析网络中凝聚子群的类型及数目。目前的研究中，对"凝聚子群"没有一个明确统一的定义，一般比较公认的看法是"凝聚子群是一个由彼此间有相对较强、直接、紧密或积极的关系的行动者组成的集合"（Wasserman and Faust，1994）。

一般在进行凝聚子群分析时，首先要确定待分析数据是多值还是二值，如果数据是多值的且不宜二值化，可以采用两种处理方法，一种是多维尺度分析，一种是层次聚类分析。对于适合二值化的多值数据或是二值数据，首先分析定义比较严格的凝聚子群，其次分析界定比较松散的凝聚了群。按照界定的严格程度从高到低，凝聚子群的排序依次为派系（clique）、n-派系（n-clique）、n-宗派（n-clan）、k-丛（k-plex）、k-核（k-core）、成分等。一般只有较为严格的凝聚子群分析结果不好时，才考虑下一种分析方式。

2.2　行动者网络理论

行动者网络理论（actor-network-theory，ANT）是 20 世纪 80 年代中期由法国社会学家拉图尔（Bruno Latour）与同事卡龙（M.Callon）、劳（J.Law）合作提出的。行动者网络理论研究了人与非人行动者之间的相互作用及形成的异质网络，该理论认为：科学实践与其社会背景是在同一个整体过程中产生的，彼此之间没有因果关系，而是相互建构、共同演进的。行动者网络理论源于科学知识社会学，该理论作为一个研究科学、技术与社会的关系的全新工具，标志着科学研究的一个新学派——法国巴黎学派的诞生。

科学知识社会学根源于曼海姆的知识社会学，曼海姆在《知识社会学问题》和《意识形态与乌托邦》两部著作中曾对知识社会学的基本思想加以表述："知识经常形成一种社会历史过程，既能巩固现存的社会秩序，又能推动社会变迁，知识无法脱离社会存在，有其社会根源并且受到社会的制约。"（万中航，2003）默顿批判性地继承了知识社会学的思想，运用社会学的概念、方法对科学进行研究，在1938年发表的《十七世纪英国的科学、技术与社会》中提出了科学社会学理论，他认为："科学知识是由体制目标所规定的普遍性标准的产物，科学规范则能够保证创造系统有效的知识，社会因素（如科学家的情感、信念、偏好、科学共同体的外部环境或科学活动所面对的社会现实）均不会渗透到科学的认知层面，也不会决定性地影响科学知识的生产和评价过程。"（郭明哲，2008）默顿的研究侧重于从社会学功能分析的角度探讨科学和社会之间的互动关系，其影响也仅仅局限于社会学领域而没有深入科学研究的整个领域。鉴于默顿研究的不足，科学知识社会学认为科学不仅是一种有条理的、客观合理的知识体系，它还是一种制度化了的社会活动，科学知识也是社会建构的产物。这种研究思路或策略称为社会构建论。拉图尔的行动者网络理论的产生并不是偶然的。默顿学派研究路线的保守性和科学知识社会学的科学的社会研究的不对称性都促使拉图尔展开新的研究视角、运用新的研究方法对科学事实进行分析，从而历史地、逻辑地推出了行动者网络理论（刘济亮，2006）。

行动者网络理论相关的理论包括符号交互、社会技术系统理论、制度理论和一般网络理论。行动者网络理论的应用范围也从最初的科学技术创新传播的解释延伸到更多更广泛的领域，如情报学、社会学、政治学等（刘志辉，2010）。在情报学领域，引文网络、专家网络等都可以属于行动者网络理论的研究范畴（尚志丛，2008）。

在行动者网络理论中，"行动者"是指广义的行动者，可以是指人（actor），也可以是非人的存在或是力量（actant），"网络"是指一系列的行动。该理论不同于一般描述人类关系的结构化网络，它根据对称性的原则，"将社会因素、研究对象和文本作为实体置于异质的社会网络中在同一水平上加以处理"（郭明哲，2008），因此，行动者网络理论更加注重互动、交互、变化的过程，更加强调关系性的思维。行动者网络理论对本书的参考意义在于指出科学研究不能只停留在知识的表面，更应该将科学研究放在大的社会背景下，考虑多种社会关系的影响，因为社会才是科学活动得以可能的真正基础和深层原因。

在行动者网络理论中另一个可以借鉴的概念是"异质网络"，也称为异构社会网络。传统的网络中只存在一种节点和一种关系，而在异构社会网络中，可以存在不同类型的节点或由多种类型关系构成的边。本书将根据行动者网络理论，抽取科研组织中的多种关系构建面向科研组织的异构社会网络，在多关系的异构社会网络中，本书将网络中的节点赋予一些属性，通过计算节点属性的相似度来测度研究兴趣的相似程度，同时，也将研究放入社会关系的大背景中，探讨科研合著、科研合作、组织的同事关系等社会关系。从方法研究来看，行动者网络理论不仅为科研组织的异构社会网络构建提供了理论基础，也为科研组织异构社会网络的构建方法提供了理论说明，同时，异构社会网络中的多种异质关系的充分体现，也为行动者网络理论的应用范围的扩大做出了开拓性的工作。

2.3 社会资本理论

目前关于异构社会网络的研究主要集中在两个方面：一是多关系的选择与融合（Szell et al., 2010；Cai et al., 2005；Tang L et al., 2008；张福增等, 2007）；二是结合传统的社区挖掘方法进行异构社会网络中社区探测（Sun et al., 2010；Peter et al., 2010）。在异构社会网络中多关系选择是一个待解决的问题，现有的研究往往针对特定问题来进行选择，至今还没有一个普适性的方法。本书以科研人员这一知识单元为例，尝试将社会资本理论与异构社会网络相结合，提出从社会资本的角度来进行科研人员间关系的抽取和融合，因为社会资本是社会网络中各种关系特征的体现，社会资本的三个维度从不同的角度描述了科研人员的多种复杂关系。依据社会资本的三个维度来抽取和测度科研人员之间的多种社会关系，以此构建异构的社会网络。

2.3.1 社会资本理论概述

社会资本理论起源于西方社会学，后逐步应用到经济学和管理学领域中（顾新等, 2003）。社会资本的概念是 1961 年 Jane Jacobs 在《美国大城市的生命与死亡》一书中首次使用的，用来表示公民意识对城市和人民生活兴旺的重要性。20世纪 70 年代法国学者 Pierre Bourdieu 在《社会资本随笔》一文中将社会资本定义为"实际或潜在资源的集合，这些资源与由相互默认或承认的关系所组成的持久网络有关，而且这些关系或多或少是制度化的"。Coleman（1988）在《作为人力资本发展条件的社会资本》中从社会结构的意义上论述了社会资本，他认为"社会资本根据功能不同分为许多种，但是它们都包括社会结构的某些方面，而且有利于同一结构中的个人的某些联系"。从经济学的角度来看,社会资本被广泛理解为与个人资本相对应的一个纯粹经济学概念。福山(2002)从管理学的角度将社会资本定义为"一个群体的成员共同享有的一套非正式的允许他们之间进行合作的价值观或准则","社会资本像一种润滑剂,它使一个群体或组织的运作更有效"。

近年来,社会资本的研究也日益受到国内学者的关注,不同的研究学者根据各自的研究工作和领域对其给出了不同的定义,其中比较有代表性的是边燕杰和丘海雄(2000)提出的社会资本的概念,他们从个人社会资本的层次上提出了企业社会资本的概念,认为企业的社会资本是行动的主体与社会的联系以及通过这种联系获取稀缺资源的能力,并从社会资本理论的角度将企业在经济领域的联系种类分成三种,即企业的纵向联系、横向联系和社会联系。顾新等(2003)认为社会资本是指两个以上的个体或组织通过相互联系和相互作用过程中所形成的社会网络关系来获取稀缺资源并由此获益的能力。

可以看出,尽管目前关于社会资本还没有明确的定义,但是综合来看,社会资本是存在于两个或两个以上的个人或组织间的,由主体之间的相互联系和相互作用而产生,具有共享的特征。笔者认为,社会资本从其本质上讲是蕴藏在社会关系中的获取资源的能力或者是具有资源的持续的社会关系,这种关系和资源的运用可以为其所有者带来利益或者提高效率。社会资本是各种关系特征的体现,不同个体与组织之间发生直接或间接的联系,从而形成不同层面、不同维度的复杂网络。社会网络正是由主体间频繁和密切的社会活动而形成的,因此,本书尝试从社会资本的角度出发研究社会网络中主体之间的关系、关系强度的测度和多种关系的融合,从而构建基于社会资本的异构社会网络。

2.3.2　社会资本三个维度

法国社会学家 Bourdieu(1986)认为在组织知识网络中,如果某一个成员越多地与其他成员存在知识交流的关系,那么其获取知识资源的能力就越强。Granovetter(1973)最先提出了强联结和弱联结的概念,他认为组织中个体之间联络较为紧密的社会联系之间形成的是强联结;个体之间不紧密的联络或者是间接联络的社会联系之间形成的是弱联结。Nahapiet 和 Ghoshal(1998)认为"社会资本嵌入于个人和社会个体占有的网络之间,是可通过关系网络获取的,来自关系网络的实际或者潜在资源的总和",他们认为社会资本可以划分为三个维度,即认知维度(cognitive dimension)、关系维度(relational dimension)和结构维度(structural dimension)。此划分得到了很多学者的认可,在社会资本研究中发挥了较大作用。章伟（2008）通过将老板、老总和企业家三个概念与社会资本的三个维度相匹配，来描述企业经营管理者的成长。王三义等（2007）根据社会资本这三个维度的划分，研究了社会资本结构维度对企业间知识转移的影响，通过实证方式证实了企业间社会资本结构维度与企业间知识转移效果之间存在显著的线性关系。韩子天等（2008）采用实证研究的方法发现结构维度的社会资本对企业绩效有直接影响，而关系维度的社会资本通过结构维度的社会资本间接影响企业绩效。

在社会资本的三个维度中，认知维度是指能够有效促进发生关系的群体对集体目标、行为方式的共同理解而共享的各种符号、目标和共享文化指标，它是网络成员间共享的符号或编码，如共同的价值观、语言等。关系维度又称为关系性嵌入，是指成员通过互动而产生的个人联系，包括信任和可行性，这个概念侧重于人与人之间影响其行为的特定关系，如尊重和友谊等，如果两个人在网络中有同等的位置，但是他们交流互动的取向不同，那么他们的行动也会不同。与结构维度相比，关系维度更注重的是行为。结构维度又称为结构性嵌入，是指组织成员间的互动状况，与社会网络的概念相关，反映在网络中则是指网络的总体格局，如网络的连接强度密度、层次性、中心性等，包括网络联结、网络结构和网络稳定性三个指标。结构维度被视作社会资本的基础，结构上的紧密联系是为了生成情感和认知层面的网络黏合。这三个维度从不同的角度刻画了社会网络中的社会关系，有助于分析社会网络中的各个面向及总体关联情况。本书借鉴社会资本三个维度的划分来抽取研究人员之间存在的多种关联，提出基于多关系融合的研究人员网络构建方法。

2.4　本 体 理 论

本体是近年来学界研究的一个热点，其本身包括一系列理论、方法等，这些理论是进行本体建模和本体应用的基础。

2.4.1　本体基本概念

本体的概念最初起源于哲学领域，可以追溯到古希腊哲学家亚里士多德。它在哲学中的定义为"对世界上客观存在物的系统描述"（Berners-Lee et al., 2001），是客观存在的一个系统的解释或说明，关心的是客观现实的抽象本质。后来随着计算机、人工智能领域的发展，Nehces 等、Gruber、Borst 和 Akkermans、Studer

等相继给出了本体的一些定义（表 2-2），其中 Studer 等（1998）给出的定义较为完善。它体现了本体概念的四个方面：概念化（conceptualization），客观世界的现象的抽象模型；明确（explicit），概念及它们之间联系都被精确定义；形式化（formal），精确的数学描述；共享（share），本体中反映的知识是其使用者共同认可的。尽管定义有很多不同的方式，但是从内涵上来看，不同研究者对于本体的认识是统一的，都把本体当做领域（可以是特定领域，也可以是更广的范围）内部不同主体（人、机器、软件系统等）之间进行交流（对话、互操作、共享等）的一种语义基础，即由本体提供一种明确定义的共识。

表 2-2　本体概念发展史

学科范畴	代表人	简明定义
哲学	起源于古希腊	客观世界真实存在的一种客观描述
计算机/人工智能	Neches 等（1991）	给出构成相关领域词汇的基本术语和关系，以及利用这些术语和关系构成的规定所得到的这些词汇的定义
	Gruber（1993）	概念模型的明确的规范说明
	Borst 和 Akkermans（1997）	共享概念模型的形式化规范说明
	Studer 等（1998）	共享概念模型的明确的形式化规范说明

本体提供的这种共识更主要的是为机器服务，机器并不能像人类一样理解自然语言中表达的语义，目前的计算机也只能把文本看成字符串进行处理。因此，在计算机领域讨论本体，就要讨论本体究竟是如何表达共识的。也就是概念的形式化问题。这就涉及本体的描述语言、本体的建设方法等具体研究内容。

本体从理论到技术的实现，首先要提供可行的逻辑建模元语。Perez 和 Benjamins（1999）认为本体可以按分类法来组织，并归纳出本体所包含的五个基本的建模元语（modeling primitives）。

（1）类（classes）或概念（concepts）：是指任何事物，如工作描述、功能、行为、策略和推理过程。从语义上讲，它表示的是对象的集合，其定义一般用框架（frame）结构，包括概念的名称、其他概念之间的关系的集合，以及用自然语言对概念的描述。

（2）关系（relations）：在领域各种概念之间的交互作用。形式上定义为 n 纬笛卡尔积的子集 R：$C_1 \times C_2 \times \cdots \times C_n$，如子类关系（subclass-of）。在语义上关系对应于对象元组的集合。

（3）函数（functions）：一类特殊的关系。该关系的前 $n-1$ 个元素可以唯一决定第 n 个元素。形式化的定义为 F：$C_1 \times C_2 \times \cdots \times C_{n-1} \times C_n$，如 MotherOf 就是一个函数，MotherOf(x, y) 表示 y 是 x 的母亲，显然 x 可以唯一确定其母亲 y。

（4）公理（axioms）：代表永真断言，如概念乙属于概念甲的范围。

（5）实例（instances）：代表元素，从语义上讲实例表示的就是对象。

实际上，这只是本体建模的最基本元素，有关本体建模的具体实现，还涉及更多内容，笔者将结合高校专家本体的构建，在后文做详细说明。

2.4.2　本体描述语言

本体语言使得用户为领域模型编写清晰的、形式化的概念描述，因此它应该满足以下要求（Antoniou and van Harmelen，2003）：①良好定义的语法；②良好定义的语义；③有效的推理支持；④充分的表达能力；⑤表达的方便性。大量的研究工作者活跃在该领域，因此诞生了许多种本体描述语言，我们简单把它们归类如下：①和 Web 相关的有 RDF 和 RDFS（RDF schema，即资源描述框架模式）、OIL（ontology interchange language，即本体交互语言）、DAML（DARPA agent markup language，一种本体描述语言，其中 DARPA 全称为 Defense Advanced Research Projects Agency，即美国国防部先进研究项目局）、OWL、SHOE（simple hyper text markup language ontology extension）、XOL（XML-based ontology exchange language，即本体交换语言）。其中 RDF 和 RDFS、OIL、DAML、OWL、XOL 之间有着密切的联系，是 W3C（World Wide Web Consortium，即万维网联盟）的本体语言栈中的不同层次，也都是基于 XML 的。而 SHOE 是基于 HTML（hyper text markup language，即超文本标记语言）的，是 HTML 的一个扩展。②和具体系统相关的（基本只在相关项目中使用的）有 Ontolingua、CycL、Loom。③KIF（knowledge interchange format，即知识交换格式）已经是美国国家标准，但是它并没有被广泛应用于互联网，作为一种交换格式更多地应用于企业级。

2.4.3　本体理论与社会网络的结合

目前社会网络分析主要是对行为者之间的社会关系进行定量化分析，即从数学的角度对社会网络图中的结构变量（Node、Link）进行形式化描述，侧重的是网络结构的分析，而忽略了节点与节点间关系的含义。特别是针对异构社会网络而言，不同类型的节点，以及节点间多种关联的现状都使得传统的社会网络分析面临极大的挑战。笔者认为社会网络分析需要进一步发展，必须同时考虑网络结构和内容，挖掘语义信息，让数据成为机器可理解。本体是人工智能领域用来对知识进行描述和存储的一种建模工具，它对概念和关系进行了逻辑化的定义，使得计算机能够理解和推理。利用本体为社会网络的节点和边赋予计算机可理解的语义，这种社会网络称作语义社会网络（Martin and Gutierrez，2009）。

语义社会网络有着区别于传统社会网络的一些特点（刘臣等，2011）。

（1）网络的节点是不同质的。在语义社会网络中，节点是本体中的概念的实例，继承了概念的语义，包含了更大的信息量。

（2）网络的边也是不同质的，用于刻画不同类型的节点之间的不同关系。网络的边可以是有向的也可以是无向的，甚至两者可以同时存在。

（3）网络中存在着多重边。如果网络中存在着多种关系，由于边的非同质性，两个节点之间就可能同时存在这些关系。

（4）具有一定的智能性。由于网络是基于本体建立的，可以利用描述逻辑进行推理和查询，从而可能挖掘出丰富的内容。

（5）运用本体集成的方法，可以对多个语义社会网络进行方便的集成。

通过本体对社会网络节点和边进行标注，就可以将其变为一个包含丰富信息的语义图，从而可以运用新的方法对社会网络进行分析（刘臣等，2011）。

异构社会网络的数据往往需要被联系和整合起来才能发挥更大的作用，如何关联这些数据一直以来是非常重要的研究课题。而本体能够为异构社会网络提供一个统一的语义模型，以本体的概念模型作为社会网络的规范描述标准，形成机器可以理解的带有语义信息的元数据，可使目前相对独立、没有语义的多个社会网络形成具有语义关联的有机整体，为下一步基于语义的检索和知识推理打下基础。

2.5 本 章 小 结

本章主要介绍了社会网络理论、行动者网络理论、社会资本理论、本体理论等相关理论。由于知识社区其本质是社会网络中的社区结构，所以，本章从社会网络理论以及社会网络分析相关理论出发对本书所涉及的相关理论展开了介绍。同时，引入了行动者网络理论来阐释在社会网络的构建过程中需要测度多种关系的原因，以社会资本理论及社会资本理论的三个维度为依据来选择并测度多种关系的关联强度，引入了本体理论来对异构社会网络隐含知识进行表示和推理。

第3章　社区发现算法及其评价

社区发现是社会网络研究的重要内容之一并直接关系到网络系统中的中观度量与对应的共性规律，是一个基础问题，在过去十多年内吸引了很多学者的关注。研究表明，实际的社会网络并不是一个随机的网络，它是具有一定的组织特性的结构，如小世界特性、幂律的度分布特性、集群特性等。在某些部分节点组成的集合内，节点与集合内的节点联系很密切，而与集合外的节点联系很少，这种分布特性就导致了集群特性的形成，即暗示了网络中某些潜在结构的存在。而网络社区结构就是目前研究比较多的一种潜在结构。从直观上讲，社团是由网络节点组成的一个个节点子集合（图3-1），子集合内部节点之间边的连接很稠密，各子集合节点间的连接则很稀疏（赖大荣，2011）。目前国内外关于社区发现的研究比较多，取得了一些重要的进展，本章将从社区的定义以及社区发现的方法两方面来总结国内外的社区发现研究现状。

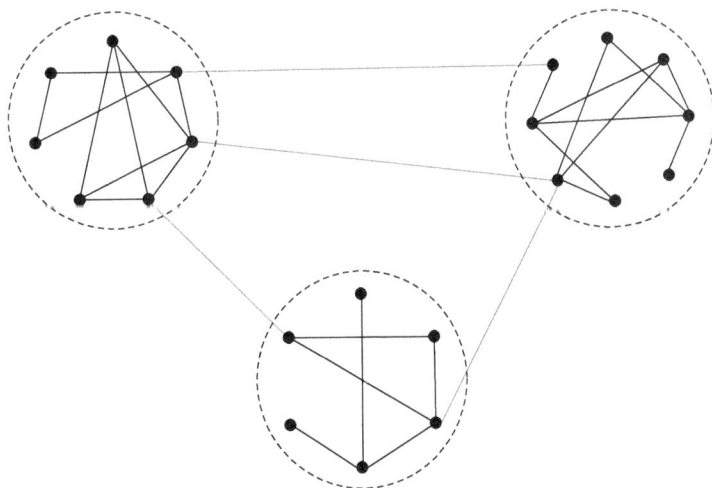

图 3-1　一个小型的具有社团结构性质的网络示意图

3.1　社区的概念及定义

"社区"一词是由德国著名社会学家滕尼斯（1999）提出的。他认为社区是由具有共同习俗和价值观念的同质人口组成的关系密切、互相帮助的人性化团体。丁连红和时鹏（2008）认为，社区如今有两层含义，一是由具有共同目标和共同利害关系的人组成的精神社区，二是由生活在同一地区的有组织的人群组成的地域社区。程学旗和沈伟华（2011）认为，社区通常由功能相近或性质相似的网络节点组成，在一定程度上反映了个体自发、无序行为背后的局部弱规则性和全局有序性。社区内部成员联系紧密，而与外部成员的联系稀疏。社区的定性定义争议较小，但在定量方面，虽有大量学者尝试从对社区进行形式化的精确定义，但目前仍没有得到一致认同的定量定义。对社区的定量定义大致可划分为以下三类。

（1）局部拓扑结构角度的社区定义认为社区可以被看做具有一定自治性的独立结构。因此，通过独立地对子网络进行研究来发现社区的方式具有可行性。社区定义的局部方式将关注的重点放在待研究的节点或子网络及与其发生直接关系的邻居上，而忽略网络中的其他部分。根据网络局部拓扑结构得到的社区是一种符合特定定义的最大子图。例如，按照完全相互关系定义的派系（Luce and Perry，1949），按照可达性定义的 n-派系（Alba，1973；Luce，1950）、n-宗派和 n-社团（n-club）（Mokken，1979），根据节点度数定义的 k-丛（Seidman and Foster，1978）和 k-核（Seidman，1983），根据内部凝聚性与外部凝聚性的对比定义的 LS-set[①]（Hu et al.，2008），根据凝聚性测度指标，如相关密度（Šima and Schaeffer，2006）等定义。

（2）全局拓扑结构角度社区定义是基于网络的整体结构的。因为每个簇都是网络的必要组成部分，它们都对网络整体产生影响。许多学者都曾尝试从网络全局角度进行社区识别。一般的方法是他们将某个涉及网络全局拓扑结构的度量融入社区识别算法中，对社区进行隐形的定义。对社区发现领域产生最大影响的度量是模块性（Newman，2002）。模块性的概念将网络的所有子图与其对应的随机子图的差异程度加起来，从网络整体的拓扑结构角度衡量网络与随机图的差异，即社区结构的显著性。

（3）由于社区可以被看做相似对象的集合，所以还可以基于节点相似性定义社区。相似性的度量方式有将节点映射到多维坐标空间中计算距离的，如欧几里得距离、余弦相似性等；通过节点的邻接关系推出，如基于结构性等价的度量（Lorrain and White，1971）；计算节点间"边（或节点）-独立路径"的数量测

---

① LS-set 定义为一组节点，其子集合的内部凝聚性与外部凝聚性更高。

度相似性，如最大流（Elias et al.，1956）；基于对图的随机游走的测度方法，如往返时间（Fouss et al.，2007）等。

3.2 社区发现算法

根据不同的社区定义，研究人员提出了大量的社区发现方法。经典的社区发现方法包括图分割法、层次聚类法、划分聚类法、谱聚类法、基于模块性的方法等。下面本章将依次对各类方法中的重要算法进行总结。

图分割法是计算机学与数学相结合的产物。图分割法是指将网络用图的方式形式化表示，将其分割成 g 个大小预定的部分，同时实现不同部分连边数的最小化。19 世纪 70 年代，Kernighan 和 Lin（1970）提出了 KL 算法，通过不断二分网络得到预定数目的社区。Suaris 和 Kedem（1988）对 KL 算法进行了改进，使其能应用于任意数量社区的划分。Barnes（1982）提出了一种基于 Laplacian（拉普拉斯）矩阵的谱二分法。其他著名的图分割算法包括基于最大流最小切割理论、通过优化描述切割大小的函数来进行划分的图分割算法（Flake et al.，2000）等。图分割法需要预先定义社区数目，且多次二分迭代的方式难以得到最优的结果。

层次聚类法的基本思想源自社会学家。它认为社会网络中节点的聚集是层级式的，大簇中包含着小簇，包括分裂层次聚类法和凝聚层次聚类法两类。它不需要像图分割法预知社区数目和规模。分裂层次聚类是自上而下的，即从整个网络出发不断移除边得到分割的社区。最有影响力的分裂层次聚类算法是由 Newman 和 Girvan（2004）提出的 GN 算法。GN 算法的基本思想是认为边的中心性越高，越有可能是连接不同社区的边。所以该算法首先计算所有边的中心性，迭代地将中心性高的边移除。除了依据中心性移除边外，还可以按照闭环（闭合且不相交的路径）数目移除边（Radicchi et al.，2004）或者节点（Vragovic and Louis，2006）。凝聚层次聚类与分裂层次聚类相反，是自下而上从小群组出发经过聚合得到大社区。Louvain 算法（Blondel et al.，2008）改善了凝聚层次聚类容易出现不平衡合并的问题。

划分聚类法作为一种流行的聚类方法，也可用于社区发现中。划分聚类法与图分割法一样，也要预先确定社区个数。划分聚类法将网络中所有的节点映射到多维坐标空间，将距离近的点划分到一起，最后形成预定数目的社区。最常用的划分聚类法是 MacQueen 提出的 K-means 法（MacQueen，1967）以及模糊 K 中心聚类（Bezdek，1981）。

谱聚类法与划分聚类法一样，都是将节点映射到多维坐标空间中。不同的是，谱聚类法需要将网络节点的相似性矩阵转化成其他矩阵，如拉普拉斯矩阵，用对该矩阵进行特征分解得到的特征向量代表节点坐标。之后再使用划分聚类法，如 K-means 法。这样的处理使相比划分聚类法其社区特性更加突出。Donath 和 Hoffman（1973）是最早进行谱聚类研究的学者。除此之外，Shi 和 Malik（2000）、Ng 等（2002）还提出了两种规范化的谱聚类法。

基于模块性的方法是一类优化发现社区质量的社区发现方法。模块性最早用于 GN 算法的停止条件。GN 算法（程学旗和沈伟华，2011；Newman and Girvan，2004）是 Girvan 和 Newman 提出的一种贪心算法。模块性值越大，目标网络与随机网络的差别就越大，表现为更明显的社区结构。基于模块性的方法极大地推动了社区发现研究，受到了研究者的广泛关注。除了贪心算法外，经典的模块性方法还包括模拟退火算法（Massen and Doye，2005）、极值优化算法（Duch and Arenas，2005）、谱优化算法（Wang et al.，2008；Sun et al.，2009a）等。

3.3 评价方法

对不同社区发现算法的对比评价是社区发现研究必不可少的部分。只有通过对新算法质量的评估，包括算法准确率及开销等，才能证明研究的价值。

最简单的情况是使用社区结构已知的网络测试集。在网络测试集上得到社区划分后，通过测度指标的计算得到其与已知社区结构的相似程度。许多现实社会网络规模庞大、结构复杂，很难预先确定其真正的社区结构。因此，一般以某些人工网络或者已被深入研究的经典小型社会网络，如 Zachary 空手道俱乐部（Newman，2006）、美国大学足球俱乐部网络等为网络测试集。常用的测度指标包括 NMI（normalized mutual information，即归一化互信息，也称标准化互信息）、准确率、Rand 系数等（Steinhaeuser and Chawla，2010）。

现实世界具有明确社区结构并且吻合实验需求（如同时带有结构和属性信息）的标杆数据集是很难获取的。很多社区发现研究使用的都是社区结构待探测的网络数据。此时的评价方法可考虑两种策略。第一种是从社区语义出发，使用人工方式进行检验，观察社区成员是否拥有预期的共同属性。对于大规模网络而言，分析整个网络代价过大，因此可人工比较不同算法划分得到社区在规模、主题或者代表性节点等方面的联系与区别（Combe et al.，2012；Zhou et al.，2009；Tang et al.，2010）。第二种是从社区结构出发，建立量化指标衡量社区划分质量。常用的量化措施包括模块度、熵、密度等。许多社区发现研究均会采用这种策略（Viennet，2012；Xia and Bu，2012）。这两种策略往往会结合使用。

3.4　社区发现进展

3.4.1　重叠社区发现

之前涉及的算法所得到的社区都是分离的，即每个节点只能属于一个社区。而在许多现实社会网络中，多个社区可以共享同一个节点，这就是社区的重叠性。例如，在科研合作网络中，一个学者因多样化的研究兴趣，可以参与多个科研社区；由期刊论文的引用关系构成的期刊网络中，一个期刊因存在多个主题，可以被划分到不同的集团。近几年来，越来越多的学者对社区重叠性产生了兴趣，提出了许多重叠社区发现方法。

一类算法是集团渗流算法（clique percolation method，CPM）及其改进算法。该类算法认为社区由一系列相互可达的 k-集团构成。Palla 等（2005）提出的 CPM 是最早提出并产生深远影响的重叠社区发现算法。CPM 构建了一个新的网络。新网络中的"节点"是原网络中所有的 k-集团。当两个"节点"对应的集团在原网络中可达时，"节点"间有"边"相连。社区是相互连通的"节点"集合。当不同"节点"包含原网络中的相同节点时，就得到了重叠社区。Kumpula 等（2008）对 CPM 进行了改进，提出了序列集团渗流（sequential clique percolation，SCP）算法。SCP 比 CPM 更高效，且可以应用于有权网络。但这类算法会得到许多孤立节点社区，且缺乏合适的参数选择方法。

还有一类基于局部种子扩张和目标函数优化的算法。这类算法首先按照某种特征选取若干种子，接着向相邻节点扩展，直到获取最优化目标函数的社区。最早是 Baumes 等（2005）提出了一种两步算法，首先移除一些节点得到若干中心节点簇作为种子，接着对种子移除或者添加一些节点，得到最优化密度函数的社区。而 Lancichinetti 等（2009）提出的 LFM 算法中，种子是若干随机选取的单个网络节点。LFM 的目标函数是依据社区的内部度数和外部度数的比例设计的，且增加了控制社区规模的变量。Havemann 等（2011）提出的基于多分辨率的局部优化算法改进了 LFM 中的目标函数，不但可发现单节点社区还提高了算法效率。种子除了可以是普通节点簇和单个节点外，还可以是集团。Lee 等（2010）提出的贪心集团扩展（greedy clique expansion，GCE）算法将集团作为种子，依据一种局部社区质量测度函数对种子进行扩展，最后合并相似的社区。这类算法的缺点是种子对划分质量影响很大。选取集团作为种子优于选取单个节点。

模糊社区探测也是一类常用的重叠社区发现方法。这种算法最后得到的是每个节点对各个社区的隶属度矩阵。Nepusz 等（2008）提出可将重叠社区的探测问题建模为非线性约束优化问题，并利用模拟退火法求解。Zhang 等（2007）提出了一种结合谱映射、模糊聚类和质量函数优化的方法。该算法利用谱方法计算出的特征向量将网络映射到欧几里得空间，又利用一种模糊 C 均值聚类（fuzzy C-mean，FCM）法得到各个节点与社区之间的隶属度矩阵。还有一些算法利用网络的邻居矩阵建立混合概率模型来刻画社区结构，接着利用期望最大化（expectation maximization，EM）算法进行求解未知参数，得到节点与社区的隶属度矩阵，如 SSDE[①]（Magdon-Ismail and Purnell，2011）算法。基于隶属度矩阵的模糊社区探测方法的缺陷是需要预先确定社区的数目。

以上方法都是根据节点来探测社区结构的，还有一类将节点网络转换成链接网络，根据网络的边来划分社区的方法。在现实网络中，发现节点间的关系往往比探测重叠节点容易得多。因此，可以将社区看做边的集合。假如连接某节点的边集属于多个社区，那该节点就是重叠节点。Ahn 等（2010）提出了一种根据边的相似性进行层次聚类来划分边的方法。首先利用 Jaccard 系数计算邻接边的相似性，经过层次聚类得到邻接边的树图，最后给定阈值就得到了对应于树图某一层次的连边社区。Evans 和 Lambiotte（2010）将原网络转换成了一种加权线网络进行处理，该网络的节点对应着原网络的边。但由于连边社区定义的模糊性，没有确凿的证据证明这类方法优于基于节点的社区划分（Fortunato，2010）。

3.4.2　结合关系和属性信息的社区发现

一般认为，社区应当是一组节点集合，其中节点集内部的关联强度大于其与网络其他部分的关联强度。节点间的关联强度可以体现在拓扑结构关系紧密与否和节点属性相似程度两个方面。前者代表节点间的实际交流，后者表示节点本身特征的相似程度。社区内部不但应具有紧密的拓扑结构联系，同时也应当由一组属性相似的节点组成。前面提及的社区发现方法都只考虑了前者，实际上两者都是刻画社区的重要方面。结合关系和属性的社区发现主要存在两个问题，属性相似度计算问题以及融合关系和属性信息的社区发现策略问题。

1. 属性相似度的计算

属性是对节点特征的描述，它可以是离散的或者连续的数值，也可以是文本。网络节点一般具有多个不同属性。假如节点属性是离散的数值，则节点间的属性相似度一般是具有相同属性值的属性个数；若节点属性是连续的数值，则可根据各个

---

① SSDE，semi-supervised sparsity discriminant embedding，即半监督稀疏鉴别嵌入。

节点的属性向量计算节点对的相似性，常用方法有欧几里得距离、曼哈顿距离、余弦相似度等；当节点属性是文本时，需要将文本处理成数值形式的多维向量。文档可以看做词汇的集合。词汇对文章的隶属度可利用 TF-IDF（term frequency-inverse document frequency，即词频-反转文件频率）等方法进行计算得到的数值表示。文档还可以看做主题的集合。每个主题对文档的隶属程度利用 PLSA[①]（Hofmann，1999）、LDA（Blei et al.，2003）等主题模型可得。这样，每个文档就被表示成了一个数值型的向量，文档相似度可用上述数值属性的处理方法计算得到。

2. 融合关系和属性信息的社区发现策略

融合关系和属性信息的社区发现按照融合方式大致可分为两类。一种是将属性和关系信息都转化成节点间的关联强度：①可以将属性相似度作为网络关系连边的权重。Steinhaeuser 和 Chawla（2008）将节点的属性相似度作为网络关系连边的权重，将连边权重超过设定阈值的节点对分配到同一社区中。Combe 等（2012）提出了一种属性权重网络的基于拓扑结构的聚类方法，即把文本属性相似度作为连边权重，再利用 KL 算法识别社区。类似的，他们还提出可以计算网络中所有节点对的最短距离，最短距离是路径中所有边的属性相似度权重之和。再对距离矩阵进行非监督聚类。②把关系信息和属性相似度信息的加权线性组合都作为衡量节点的关联程度的标准。Dang 和 Viennet（2012）提出的 SAC[②]1 算法对模块度进行了改进，增加了属性信息。该混合模块度是结构模块度和属性模块度的加权线性组合。Combe 等（2012）还提出了一种基于网络中所有节点对的混合距离矩阵的聚类方法。每对节点的混合距离是属性相似度和最短路径距离的加权线性组合。③利用属性信息产生新边，更新网络拓扑结构得到新的网络。Dang 和 Viennet（2012）提出了算法 SAC2。该算法根据属性相似度和连边权重的线性组合计算网络中所有节点对的相似度，在此基础上建立 K 最近邻网络，每个节点与且仅与网络中其他 K 个相似度最大的节点相连。之后基于该网络结构聚类得到社区。Zhou 和 Liu（2012）把原网络扩展成了一个包括结构节点（原节点）、属性节点、结构边（原边）、属性边的属性扩展网络。这样，在该扩展网络上计算得出节点间随机游走距离就是综合属性信息和关系信息的节点距离。聚类过程类似 K-means。

另一种是用属性信息优化关系信息的划分结果，或者相反。Li 等（2008）提出了一种可扩展的算法用于大规模文档的社区发现。首先，该算法利用关系信息找到了网络中的核心节点。然后为降低初始参数的影响，利用根据节点的属性信息计算所得的主题相似度对核心节点进行合并。接着又利用关系信息对核心簇进

---

① PLSA，probability latent semantic analysis，即概率潜在语义分析。

② SAC，community detection algorithm based on structural and attribute similarities，即基于结构和属性相似度的社区划分算法。

行扩展。最后，将主题不相关的节点剔除出节点簇，就得到了最后的社区划分。Zhao 等（2012）提出了一种基于主题的社区划分方法。首先根据节点的文本属性聚类，将节点划分到不同的主题中，得到主题簇。接着分别根据各个主题簇成员的链接关系进行社区探测，得到对应的主题社区。

3.4.3　异质网络中的社区发现

传统的社区发现算法只能用于处理同质网络，即只包含单一关系和节点类型的网络。但现实世界的网络往往是由多种类型的节点以及多样化的联系组成的异质网络，它们分别被称为多维网络和多模网络。

1. 多维网络

本部分探讨的多维网络是同种节点类型的节点间存在多种关系的网络。在多维网络中，不同关系的重要程度的衡量是一个重要问题。Cai 等（2005）提出了一种依赖用户要求（用户示例）确定关系重要程度，进行关系抽取的方法。根据特定用户要求得到了最满足用户预期的各关系的加权线性组合，将异质网络转化成了同质网络。在这个新的同质网络上应用传统算法划分社区。

Guy 等（2008）设计了一种名叫 SONAR（social networks architecture，即社会网络整合应用接口）的应用，汇集了来自博客、组织图等公共渠道和邮件、及时消息等私人渠道的信息资源。这种加权整合多渠道信息的社会网络能提供适应更多用户场景的信息。但又由于不同用户的视角与需求不同，难以得到普适的最优资源加权组合方案。

Rodriguez 和 Shinavier（2010）认为虽然已经存在大量成熟的同质网络分析方法，异构数据却较难处理。因此，他们提出了一种路径代数法，可将多关系网络映射为单关系网络。如此，则可利用现有的同质网络分析法处理这些经过转换的异构社会网络数据。

L. Tang 等（2012）总结了现有的社区发现算法的统一过程，即网络矩阵、效用矩阵、软社区指标和节点划分。针对该过程的四个部分提出了从单维网络社区发现到多维网络社区发现的四种集成策略，即网络集成、效用集成、特征集成和划分集成。其中划分集成就是聚类集成问题，把同一数据不同的聚类结果组合成一致结果。Strehl 和 Ghosh（2003）早在 2003 年就研究了该问题。

2. 多模网络

多模网络中社区发现的策略有两种，一种社区中包含多种节点类型，另一种社区中只包含同类节点。根据分析目的的不同可以选择不同的策略。

Sun 等（2009b）提出的用于星形结构网络聚类的 NetClus 算法就可发现包含

多种节点的社区。星形网络结构中存在一个中心节点类型和几个属性节点类型，属性类型的节点与且仅与中心类型的节点相连。社区的形成依据是由生成模型得出的后验概率的排序。由 NetClus 不仅能得到包含多种类型节点的社区，且可分别获取每种类型节点（如会议、作者、主题词）在所处社区中重要性的排序。相比仅能处理包含两种节点的二模网络的 RankClus 算法（Sun，2009c），NetClus 的适用性与可解释性更强。但 NetClus 仅限处理星形模式的网络。

很多情况下，多模网络中探测得到的社区是只包含同种类型节点的。其他类的节点可以辅助一类节点的社区的探测和分析。例如，Zhang 等（2013）提出了一种结合作者–主题模型与社会网络分析方法的框架。该框架可用于在综合用户产生内容和用户的多模多关系社会网络中发现用户社区。在包含用户、Twitter、词语的社会网络中，作者通过分析用户的关系网得到社区对于用户的分布，通过对 Twitter 的分析提取主题，并得到用户对于主题的分布，二者结合得到了用户社区中的主题分布以及用户对不同社区的兴趣程度。

3.4.4 动态网络的社区发现

以上社区发现方法有一个隐含的假设：网络是静态不变的。然而对于大多数现实的社会网络，无论是网络本身还是社区、节点，都是不断演化的。Asur 等（2009）认为，社区的演化事件包括社区的暂时静止、合并、分裂、形成和消解，节点的演化事件有节点的出现、消失与合并。动态网络的社区发现算法考虑网络动态、不断演化的特性。这对社区发现算法的设计提出了新的挑战。

探测动态网络社区结构的最简单的方法是把网络的每一个不同状态（网络快照）都看做独立的网络，分别对它们应用传统的社区发现算法，如 Palla 等（2007）。但由于大多数传统社区发现算法不具备高鲁棒性，这种方式会导致不同状态下网络社区成员的不稳定，从而误导社区演化模式分析。

最初解决该问题的方法是构建一个网络快照的集合，识别连续网络快照社区划分的联系与变化。例如，Berger-Wolf 和 Saia（2006）将所有快照的社区划分结果作为输入值，试图从中找到一个包含相似的节点群的元组（meta group）。Tantipathananandh 等（2007）研究了在动态网络中识别"真正的"节点联盟，即社区的问题，给出了每一个网络快照的节点联盟。作者将其表述为一个联合优化的问题，并利用一种近似贪心启发式算法和动态规划将其解决。

另一种探测动态网络社区的方法来源于 Chakrabarti 等（2006）的演化聚类研究。这种方法不是寻找不同快照的社区划分的联系，而是采用时间平滑的假设，限制每个快照的网络分割不要与前一个快照相差过大，以此克服社区发现算法带来的随机性问题。该方法提出了两个指标，即快照质量和历史代价。快照质量衡量的是每个网络状态社区发现的质量，而历史代价则是指连续两个网络快照社区划分的差异程度。这样就兼顾了网络结构及其演化规律。Chi 等（2007）将谱聚类法扩展到了动态网络环境中。他们提出了两种框架，即保存簇质量（preserving cluster quality，PCQ）和保存簇关系（preserving cluster membership，PCM）。PCQ 矩阵衡量的不是快照质量，而是前一时刻的快照社区划分在当前快照上的表现。PCM 矩阵用于衡量历史代价，该方法允许簇的数目的变换以及节点的插入和移除。Lin 等（2008）提出了 FacetNet，应用概率社区关系模型进行社区发现。概率社区模型的优点在于为每个节点分配了其隶属于每个社区的权重值。作者利用 KL-divergence（KL-距离）算法来衡量快照质量和历史代价。Kim 和 Han（2009）回顾了现行研究使用的代价函数，发现聚类级别的时间平滑因需要迭代调整聚类结果，会降低社区发现的质量。他们提出可以降级到对每对节点计算代价，得到经过时间平滑的逐对的节点聚类，然后在新得到的距离矩阵上进行基于密度的聚类。

演化聚类算法保证了连续时间戳上社区结构的平滑性，但这样却难以捕捉网络因外部事件而导致的突变。因此，Sun 等（2007）提出了一种基于网络流片段的动态网络聚类算法，即 GraphScope。GraphScope 算法的代价函数是压缩网络连接信息和编码片段组成信息所需最少二进制位数。多个连续网络快照组成一个网络流片段。当某个网络快照的引入代价过大时，它就不能被归于当前的片段，从此开始形成新的网络流片段。该网络快照就是一个转折点。转折点表现了动态演化过程中社区结构的显著不连贯性。GraphScope 不但能够发现正常环境下网络的渐变社区，而且可以捕捉到网络的突变点。

3.5　本章小结

社区发现能够更好地帮助人们理解社会网络结构和功能特性，因而一直是研究者所关注的焦点。近年来对社区发现的研究已取得了很大的发展，研究人员从不同的领域（如物理、生物学、计算机、社会科学等）提出了多种新颖的社区挖掘算法。但社会网络的复杂性，如网络结构的异构性、网络属性（节点属性和关系属性）的动态性，给社区发现任务提出了新的挑战。社区发现未来的研究方向可以概括为以下几点：

一是融合语义信息的社区发现问题。目前将语义信息融合到网络结构中进行社区发现的价值得到了广泛的承认，但研究还有待深入。例如，如何进行多个属性的权重分配以及属性信息和关系信息的权重分配、如何进行有效的结果评价、如何进行结合用户需求的语义网络社区发现等问题还有待更进一步研究。二是在多关系社区挖掘中对多种关系的比较分析。当网络节点间关系较多时，各关系之间存在着大量的冗余信息，而且关系间的重要程度也不相同，如果不加分析地全部抽取和融合，势必会产生很多噪声并增加算法的复杂度（张林安，2011）。如何根据关系的重要程度进行抽取以提高算法效率也值得进一步研究。三是多种研究方向的综合。社会网络的动态性、异质性、社区重叠性及带有语义的特点是相互交叉与融合的。因此可以且有必要在研究中综合社会网络的多重性质，如在语义网络中的动态社区发现、在异质网络中发现重叠社区等。

第 4 章　面向科研组织的异构社会网络构建

　　科研组织中的知识社区是科研组织社会网络中的一种社区结构，因此，面向科研组织进行知识社区发现的首要条件是构建一个面向科研组织的社会网络。现有的社会网络的构建研究中，往往只考虑了人与人之间的某一种单一关系，具有一定的片面性。科研组织中，研究者与研究者之间可能存在多种关系，如同事关系、项目合作关系、共词关系等，单独选用其中某一种关系构建科研合作网络，可能并不能准确地反映他们之间的真正关联形态。本书尝试以社会资本的三个维度为依据来抽取科研组织中研究者之间基于研究兴趣的多种关系，构建一个面向科研组织的以研究兴趣为基础的多关系异构社会网络。

4.1　科研组织的需求

　　科研组织作为典型的知识高度聚集的组织，其良好而有效的知识管理有利于知识的创造和传播。面向科研组织的知识社区的识别和挖掘有利于科研组织中的研究人员相互认识，了解互相的研究兴趣和研究背景，并在科研人员间建立知识交流与共享平台，有助于科研人员之间广泛地交流、密切地合作。同时，科研人员在社区交流过程中不断形成创新思想，或者改善和提高原有的创新思想，进而提高自身的创新能力，对创新人才的成长和培养具有重要意义。此外，科研组织中的知识社区发现，能够帮助科研人员快速找到某一领域的核心研究人员，提高了科研工作的效率，也有助于跨学科交流合作的进行，对于单一学科乃至交叉学科背景下产生创新思想具有极大的促进作用。

4.2　模　型　构　建

　　社会网络模型用来描述网络社会结构和社会联系，其中最常见的是把网络抽象成一个图, 图中的节点代表网络中的实体, 边对应着网络中节点之间的关系。之前较多的研究通常都假设社会网络中只含有一种关系, 将社会网络表示为 $G =$ (V, E), 其中, V 代表社会行动者, E 代表行动者之间的关系。但是, 真实的社会网络中是存在多种关系的, 因此异构社会网络模型中具有多种关系类型的边, 可以通过定义一个关系的集合来表示它们, 将异构社会网络模型表现为图的形式, 即 $G = (V, E_i, W_i)$, 其中, $E_i (i=1, 2, \cdots, n)$ 表示两个节点之间的第 i 种关系, W_i 表示第 i 关系的权重。

节点间多关系的抽取及测度是构建异构社会网络的重要步骤之一。多关系是指异构社会网络中存在的多种不同性质的关系, 这些关系通常从不同的角度来刻画网络的特性, 满足不同角度观察者的需求。本书提出一种根据社会资本的三个维度对社会网络中的关系进行抽取, 并计算其相应的关联强度, 针对不同关系对用户重要性的不同, 为三种关系赋予不同的权重系数进行融合, 以此得到异构社会网络模型。异构社会网络构建过程如图 4-1 所示。

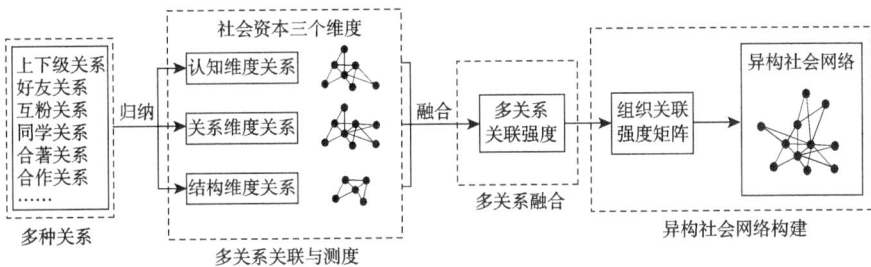

图 4-1 异构社会网络构建过程

4.3 基于社会资本的多关系关联

本书借鉴社会资本的三个维度来对异构社会网络中节点多关系进行抽取。以下分别对三个维度的关联进行详细阐述。

4.3.1 认知维度关联

认知维度是指网络中能够促进主体对集体目标、行为方式、共享文化等共同理解而共享的各种符号、编码等资源, 如语言、符号、共同的价值观、企业的文化观、组织内的默会知识等。在社会网络的多种社会关系中, 基于认知维度的关系侧重于对某一事物的共同理解和兴趣爱好, 由于共同的认知而产生了一系列行为将两个实体联系起来。

基于认知维度的关系有很多。例如，在互联网中，社交网络中的讨论组里组员之间的关系，在社交网络中，一群人可能因为对某一话题产生兴趣而聚集到一起形成了讨论组；大学校园中的社团成员之间的关系也是一种基于认知维度的社会关系，如文学社，可能是因为一群热爱文学创作的同学的聚集地，吉他社，可能由一个学校各个专业的同学因为同是吉他爱好者而创办。对科研人员而言，如果两人对同一主题进行了研究，有相似的研究方向等，则表明他们在某一问题或研究主题上存在着共同的理解和认知，他们之间存在认知维度的关联。

4.3.2　关系维度关联

关系维度，是指通过运用关系或创造关系来获得社会资源的过程，包括信任、互惠性、规范与惩罚、义务和期望等。关系维度强调社会网络中行动者的行为、具体的行为过程和事件，表现为具体的、进行中的人际关系，是行动者在互动过程中建立的具体关系。

基于关系维度的社会关系是人们通过以往的交往而形成的个人关系，这个概念集中于某些特定的关系，如尊重、信任、友谊等，这些关系同时又影响着人们的行为。例如，在互联网中，社交网络中的"加好友"或微博中的"粉丝"或"互粉"的行为，这些行为产生的关系都可以称之为基于关系维度的社会关系。

对科研人员而言，如果两个成员之间存在合作经历则可以认为他们在关系维度上有关联。例如，两个成员共同参与了某个项目，合著过同一篇文章或者同为某本书的作者等，这种关系由成员之间的交流产生，体现了互动行为及成员之间的信任。

4.3.3　结构维度关联

结构维度，是指行动者之间联系的整体状态。强调了社会网络非人格化的一面，其分析的重点在于网络结构的总体特点，如网络的大小、关系的强度、网络的密度、中心性等。

基于结构维度的社会关系强调的是两个人之间是否存在联系、与哪些人存在联系，反映在网络拓扑图上即为两个节点之间是否存在边、节点的邻接节点、节点的度等。这种关系从客观的角度来判断两个人之间的联系而忽略了主观因素，如组织的层级结构、上下级关系，是一种客观确定存在的关系。对科研人员而言，如果两人处于同一个研究团体（如同一系所），则他们之间存在结构维度关联。

4.4　科研组织中多关系的测度

关联强度反映的是个体之间关系的紧密程度。本节以科研组织为例阐释多关系的测度和融合问题。在科研组织中，认识维度的关联强度可以通过科研人员发表文章的关键词耦合强度来计算；关系维度的关联强度可以通过研究人员合作项目的次数来计算；结构维度的关联强度可以通过成员在组织结构中共有的最小组织单元来衡量。

4.4.1　认知维度的测度

认知维度体现研究人员之间的共同认知。由于关键词能够很好地概括每篇文章中的研究主题，我们采用基于作者关键词耦合方法来测度成员之间认知维度的关联强度。

给定作者关键词集合，包含 m 个作者和 n 个关键词，其中作者集合为 $P=\{p_1$, p_2, $\cdots$, $p_m\}$，关键词集合为 $K=\{k_1$, k_2, $\cdots$, $k_n\}$，得到作者–关键词矩阵，则作者 $P_i=\{k_{i1}$, k_{i2}, $\cdots$, $k_{in}\}$ 和 $P_j=\{k_{j1}$, k_{j2}, $\cdots$, $k_{jn}\}$ 的耦合强度即可表示作者之间基于认知的关联强度，计算公式如下：

$$w_{c_{ij}} = f\left(k_{ij}\right)\left(k_{ij} \in \{P_i\} \bigcap \{P_j\}\right) \tag{4-1}$$

其中， $w_{c_{ij}}$ 表示成员 i 和 j 基于认知维度的关联强度； P_i 是作者 i 的关键词集合； P_j 是作者 j 的关键词集合； $f(k_{ij})$ 是同属于作者关键词集合 P_i 和 P_j 的关键词的数量。从式（4-1）可以看出，两个作者共同的关键词越多，耦合强度就越大，即两个作者的基于认知维度的关联强度就越大。当两者的关键词集合中没有相同的关键词时，他们之间基于认知维度的关联强度为 0。

4.4.2　关系维度的测度

关系维度体现的是成员之间通过合作而产生的相互信任。科研人员之间的合作通常体现在项目的合作、文章或书的合著上。由于认知维度已经对成员所发表的文章进行了分析，计算了作者关键词耦合的频次，为避免重复，合著仅考虑书的合著情况。

在科研人员社会网络中关系维度的关联强度可以通过成员合作项目的次数

和合著出版书的数目的总和来计算，用式（4-2）来表示：

$$w_{r_{ij}} = p_{ij} + b_{ij}$$ （4-2）

其中，$w_{r_{ij}}$ 表示成员 i 和 j 基于关系维度的关联强度；p_{ij} 表示成员 i 和 j 共同参加项目的个数，b_{ij} 表示成员 i 和 j 合著书的数目，对二者求和即为二者合作的总次数，也就是基于关系维度的关联强度。

4.4.3　结构维度的测度

结构维度体现在组织的层级结构上，在一个组织中，同属于一个部门或者机构的成员相比其他成员来讲联系更加紧密，他们之间基于结构维度的关联强度应该更强。在科研组织社会网络中，结构维度的关联强度可以通过成员在组织结构中共有的最小组织单元来衡量。最小组织单元可以是同一个系或者是同一个研究中心。在某些组织中，一个成员可能同属于多个最小组织单元（如系和研究中心），基于结构维度的关联强度通过计算两个成员同属于 n 个最小组织单元的个数来计算，其计算方法如式（4-3）所示：

$$w_{s_{ij}} = \begin{cases} n \\ 0 \end{cases}$$ （4-3）

其中，$w_{s_{ij}}$ 表示成员 i 和 j 基于结构维度的关联强度；n 表示成员 i 和 j 共事的最小组织单元的个数。

4.5　多关系融合

三个维度反映了研究人员在不同角度的关联，为了综合地反映他们之间的整体关联，需要将这三种关系进行融合，计算两个研究人员之间的总关联强度。首先，根据实际需求给每个维度设置不同的权重，其次将三个维度的关联强度进行融合，具体计算如下：

$$w_{ij} = z_1 \times w'_{c_{ij}} + z_2 \times w'_{r_{ij}} + z_3 \times w'_{s_{ij}}$$ （4-4）

其中，w_{ij} 表示两个节点之间融合三个维度后的关联强度；$w'_{c_{ij}}$、$w'_{r_{ij}}$、$w'_{s_{ij}}$ 分别表示经过了归一化处理后的根据认知维度、关系维度、结构维度测量得到的关联强度；z_1、z_2、z_3 表示三个维度的权重系数，以融合后的网络平均节点强度最大化为原则进行调整。平均节点强度越大，表明在整个网络中节点相互连接的程度越高。对于一个有 N 个节点的加权网络而言，平均节点强度 $\langle k \rangle$ 的计算公式如下：

$$\langle k \rangle = \frac{1}{N} \sum_{1}^{N} k_i = \frac{2W}{N} \qquad (4\text{-}5)$$

其中，k_i 是该网络任一节点 V_i 的强度，等于与该节点相连的边权重之和；而 W 是网络中所有边的权重和。由式（4-5）可以容易地推算出在网络中所有边的权重之和最大时网络的平均节点强度最大。因此可以通过全局寻优策略调整 z_1、z_2、z_3 这三个权重系数使得网络中所有边的权重和最大，并且 z_1、z_2、z_3 应满足相应的约束条件。研究兴趣越相似的研究人员所发表文章的关键词耦合几率就越大，认知维度也相应赋予较大的权重系数。项目合作在某种程度能反映科研人员存在共同兴趣，但是不同研究方向的人也有可能经常在同一项目中合作，所以这类关系的权重系数较认知网络要小。而组织部门（如同一系）的关联提示两个研究人员在大的研究领域有共同的兴趣，可是不能提示哪些人在小的研究领域有相同兴趣。因此在融合时这类关系赋予更小的权重系数。最终设定的约束条件为 $z_1>z_2>z_3>0$。

可以建立以下优化模型来求解权重系数。

目标函数：$\max\ w = z_1 \times w_c' + z_2 \times w_r' + z_3 \times w_s'$ （4-6）

约束条件：$z_1 + z_2 + z_3 = 1\ \ (z_1 > z_2 > z_3 > 0)$ （4-7）

其中，w 表示融合网络所有边的权重和；w_c'、w_r'、w_s' 分别表示认知维度、关系维度、结构维度这三个单关系网络的边权重和（经归一化处理后）。

4.6　本章小结

本章主要介绍了科研组织中基于研究兴趣的异构社会网络模型的构建过程，该模型是面向科研组织的知识社区发现的基础。本章首先探讨了科研组织的需求及构建异构社会网络的原因，并介绍了面向科研组织的异构社会网络构建过程。其次，依据社会资本的三个维度，分别阐释了它们在科研组织中所代表的关系的意义，并具体抽取了共词、合作、组织结构三种关系来分别表示社会资本三个维度的具体含义，提出了测度三种关系关联强度的计算方法。最后，通过机器学习的方法选择合适的参数将多关系融合以构建异构社会网络。

第 5 章　科研组织的知识社区的发现及优化

本书提到的知识社区是指科研组织的社会网络中的一种社区结构，社区结构是社会网络的重要特性，代表了社会网络中具有相同兴趣或偏好的团体。社区发现旨在挖掘网络中的一些关系比较紧密而又具有相似兴趣的子团体。目前针对社区发现的研究主要集中在内容分析及结构分析两个方向。当前的研究都取得了一定的成果，但是同时也存在着一些问题。使用聚类分析的方法需要进行验证和调整，仅通过结构上的分析来发现社区的方法忽略了节点内容的重要信息，而单纯地对用户兴趣进行分析则忽略了用户之间的多种社会关系，其都有一定的局限性。本书将采用结构分析和内容分析相结合的社区发现方法，首先通过加权网络模块度的算法获得社区划分的初步结果，其次利用节点属性的相似度对社区划分结果进行优化。

5.1　基于网络拓扑结构的社区发现

近年来，研究者已经提出了各种用于社会网络中的社区发现的算法。其中最有代表性的是由 Girvan 和 Newman 提出的 GN 算法，它的基本思想是，计算网络中所有边的边介数，然后通过不断地从网络中移除边介数最大的边，逐步将整个网络分解为一个个社区。一条边的边介数定义为所有节点对之间的最短路径中经过该边的次数。

GN 算法的不足之处在于该算法适用于无权重的网络，而权重信息更好地表示了连接的强度或属性相似度的大小，将使社区发现的结果更加精确。在 GN 算法的基础上，Newman 于 2004 年提出了 WGN 算法（Newman，2004b），该算法通过计算加权网络的边介数，移除网络中边介数最大的边来实现社区划分。

在使用 WGN 算法进行社区划分的过程中，在社区划分数目未知的情况下，WGN 算法并不能确定社区划分到哪个程度为止。为此，本书通过计算加权网络的模块度来找到满意的社区划分结果。模块度是评价社区划分结果好坏的重要标准，一般认为，模块度越大社区划分的结果越好。加权网络的模块度定义如下：

$$Q_w = \sum_{s=1}^{n_c} \left[\frac{W_s}{W} - \left(\frac{S_c}{2W} \right)^2 \right] \tag{5-1}$$

其中，Q_w 是网络加权模块度；W_s 是社区 s 内所有边的权值的总和；S_c 是社区 s 内所有节点的权值的总和；W 表示所有边的总权值。

本书采用 WGN 算法和加权网络模块度相结合的方法实现社会网络中基于网络拓扑结构的社区发现，方法的具体算法如下：

Algorithm 1 Weighted GN Algorithm
Required G，$G^\wedge$

1：$Q_{max} \leftarrow 0$

2：**while** G is not empty

3：$Q_w \leftarrow 0$，$W_{ij} \leftarrow 0$，$B_{ij} \leftarrow null$，$B_{max} \leftarrow 0$

4：**for** b_{ij} *in* G **do**

5：$b_{ij} \leftarrow b_{ij}$ / find weight of b_{ij} in $G^\wedge$

6：if $b_{ij} > B_{max}$ **then**

7：$B_{max} \leftarrow b_{ij}$

8：$B_{ij} \leftarrow b_{ij}$

9：**end if**

10：**end for**

11：remove B_{ij} from G

12：$Q_w \leftarrow$ recompute modularity of G

13：if $Q_w > Q_{max}$ **then**

14：$Q_{max} \leftarrow Q_w$

15：**else**

16：**break**

17：**end if**

18：**end while**

19：**return** G

该算法的基本流程如下：①计算无权网络中所有边的边介数 b_{ij}；②用无权网络中的边介数除以对应边的权重，得到加权网络的边介数 B_{ij}，即 $B_{ij}=b_{ij}/w_{ij}$；③找到边介数最大的边，将其从网络中移除；④计算网络的加权网络模块度 Q_w。

重复步骤②~步骤④，直至 Q_w 取得最大值。

5.2　基于节点属性的社区优化

　　上述的社区发现方法在社区发现的过程中主要基于网络的拓扑结构特征，而在很大程度上忽略了节点的属性。在社会网络中的社区除了节点间的外部连接产生的外部联系以外，节点自身的属性之间所隐含内容的相似性反映了节点间的内部联系。如何将外部连接与属性内容信息统一地结合起来发现社区是社区发现研究中面临的新挑战。

　　在许多实际的应用中，无论是网络的拓扑结构还是节点属性所具有的内容信息，对社区发现的过程都具有重要的影响。例如，在社会网络中，节点的属性可以表示一个人的身份，而网络的拓扑结构表示了人之间的联系，图 5-1（a）是一个合著网络的例子，网络中的边代表人之间的合著关系，个人的研究主题作为节点的属性集合。如图 5-1 所示，作者 P1～P4 的研究主题是知识管理，作者 P6～P10 的研究主题是可视化，P5 同时研究这两个主题。若需要将网络划分成两个社区，根据侧重点不同，可以有（b）、（c）、（d）三种情况。

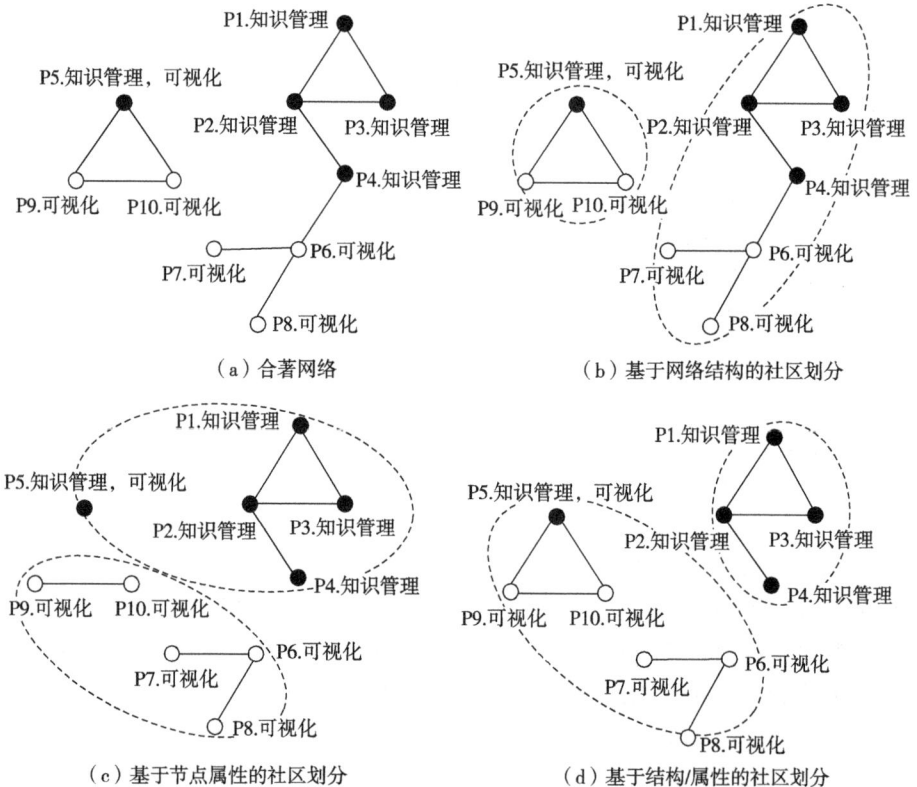

（a）合著网络　　　　　　　　　　　（b）基于网络结构的社区划分

（c）基于节点属性的社区划分　　　　　（d）基于结构/属性的社区划分

图 5-1　"主题"属性的合著网络示例

图 5-1（b）是基于网络结构特征的社区划分，主要依据网络总合著关系的强弱，可以看出划分的两个社区中成员的研究主题均不同。

图 5-1（c）是基于节点属性特征的社区划分，主要依据研究主题的异同，可以看出划分的社区中，同一个社区的两个节点并没有相互连接。

图 5-1（d）是综合考虑了网络结构特征和节点属性的社区划分，寻求了结构相似性和属性相似性的平衡，使得划分的社区中的节点既具有相同的研究主题，又具有合著关系的关联。

从上面的例子可以发现，在社区发现的过程中，如果只单独考虑网络结构或节点属性其中的一个方面，则会产生不同社区的节点的属性分配，或者是同一社区的节点属性相同但是却有着松散的网络结构。一种理想的办法是将网络拓扑结构与节点属性紧密结合起来，寻求结构相似性和属性相似性的平衡。

现有的社区发现方法主要集中在网络拓扑结构特点，忽略了节点的属性所具有的内容信息。其实节点属性的语义信息可以对社区发现的过程加以改善。节点的属性可以是反映人的位置的属性，如经度纬度、地址等；也可以是描述人的角色属性，如为某个俱乐部的会员、某个国际会议的成员（Borgatti et al., 2009）等；节点属性还可以反映人自身的特征，如性别、爱好、兴趣等。在社会网络中，即使没有边连接的两个节点，也可能具有很大的属性相似性，如有共同的兴趣、参加了同一个会议等，尽管他们之间从未有过任何交流，但是在社区发现的时候由于他们的相似性仍然可以把他们划分到一个社区。这种方法弥补了基于网络结构划分方法的不足，赋予网络更多的内容信息，对发现潜在的社区成员具有很大的帮助。

5.2.1　属性相似度计算

在基于节点属性的社区优化之前，需要计算属性的相似度。若用 $sim = (V_i, V_j)$ 表示节点 V_i、V_j 的属性相似度，则可反映节点属性的相似程度，即属性隐含的内部关系的连接强度。通常情况下，节点的属性按个数划分可以分为单个属性和多个属性，按形式划分可以分为数值型属性和文字型属性。

对于单个或多个数值型的属性变量，最常用的方法是基于欧几里得距离的方法，对于文字型属性变量，可以考虑将其转换成数值型变量，然后将文档用向量表示，利用向量的余弦计算其相似度。但通常采用的相似度测量的方法会依据简单的匹配原则。例如，单个文字型属性变量，如张三（"信息管理"）与李四（"信息管理系统"），因为两个人属性中都有"信息管理"四个字，其相似度为 66.7%；对于多个文字型的属性变量，计算两个节点属性集合中相同属性的个数，如张三（"大学生"，"中共党员"，"信息管理学院"）和李四（"大学生"，"中共党员"，"生命科学学院"），两人属性变量中都包含"大学生"和"中共党员"两个词，相似度也为 66.7%。但是这种简单匹配的方法并没有考虑到同义词、近义词对相似度计算的影响，本书将采用基于维基百科（Wikipedia）文章内容的显性语义分析（explicit semantic analysis，ESA）法来计算节点属性的相似度。

5.2.2　基于 ESA 属性相似度测量

对于科研合作网络，节点的属性可以是每个研究者的专长或者研究兴趣。每个研究者的专长或研究兴趣可以通过分析其相关论文来提取，选取能代表研究者兴趣的频率最高的十个词组成他的属性集合，每个词的权重都经过归一化处理，以保证每个词的权重不超过 1。

通过计算两个词之间的语义相似度来计算网络节点（即科研人员）基于属性的相似度。语义相似度采用 Gabrilovich 和 Markovitch（2007）提出的基于维基百科文章内容的 ESA 方法，通过机器学习建立语义翻译器，将自然语言文本片段或词汇映射到一系列加权的维基百科概念上，即用加权的维基百科概念向量表示单个词，计算概念向量的夹角余弦值，如式（5-2）所示：

$$k_i = \left\{ w_{i1},\ w_{i2},\ w_{i3}, \cdots,\ w_{ij} \right\}$$

$$w_{ij} = \mathrm{tf}\left(k_i, c_j\right) \times \log \frac{n}{\mathrm{dfi}}$$

$$\mathrm{Sim}\left(k_1,\ k_2\right) = \frac{\sum_{j=1}^{n}\left(w_{1j} \times w_{2j}\right)}{\sqrt{\left(\sum_{j=1}^{n} w_{1j}^2\right) \times \left(\sum_{j=1}^{n} w_{2j}^2\right)}} \tag{5-2}$$

其中，w_{ij} 表示词汇 k_i 在概念 c_i（词条 c_i）对应的文章中的权重；$\mathrm{tf}\left(k_i, c_j\right)$ 表示词汇 k_i 在概念 c_i 对应的文章中出现的次数；dfi 表示词汇 k_i 出现过的文章数；n 表示维基百科中所有文章数。

在科研合作网络中，对于任意两个节点 $V_i(k_{i1}, k_{i2}, \cdots, k_{im})$ 和 $V_j(k_{j1}, k_{j2}, \cdots, k_{jm})$，$(k_{i1}, k_{i2}, \cdots, k_{im})$、$(k_{j1}, k_{j2}, \cdots, k_{jm})$ 为各自属性的集合，表示从所有文章的题目、摘要和关键词中抽取权重最大的十个词。通过 ESA 的方法计算出词汇间语义相似度 $\mathrm{Sim}(k_{im}, k_{jn})$。针对 V_i 的每一个属性特征词 k_m 在 V_j

的属性词集合中找到对应的词汇 k_{jn}，计算 k_{im} 与 k_{jn} 针对节点 V_i 和 V_j 的语义相似度 $Sim_{ij}(k_{im}, k_{jn})$，然后利用式（5-3）来计算节点 V_i 和 V_j 的属性语义相似性 $Sim(V_i, V_j)$。

$$Sim(V_i, V_j) = \frac{\sum_{m=1,\ n=1}^{10} Sim_{ij}(k_{im}, k_{jn})}{10^2} \qquad (5\text{-}3)$$

$$Sim_{ij}(k_{im}, k_{jn}) = W_{im} \times W_{jn} \times Sim(k_{im}, k_{jn}) \qquad (5\text{-}4)$$

其中，W_{im} 和 W_{jn} 分别表示特征词 k_{im} 和 k_{jn} 在 V_i 和 V_j 的属性集合中所占的权重。下面给出属性相似度计算的例子，表 5-1 中列出了黄凯卿、邱均平两个研究人员基于研究兴趣的节点属性的示例，从表 5-1 中可以看出，每个人的属性集合中包含十个表示其研究兴趣的词汇及其对应的权重。表 5-2 是一些属性的词映射到一系列加权的维基百科概念所得到的相似度值表的部分值，根据表 5-1 和表 5-2 可以计算出黄凯卿与邱均平两人任意两个属性之间的相似度，以"信息化"（informatization）和"文献计量学"（bibliometrics）为例：

$Sim_{黄凯卿,\ 邱均平}$（informatization，bibliometrics）=0.75 × 1 × 0.001 226=0.000 919 5

表 5-1　科研合作网络节点属性示例

节点（科研人员）	节点属性（特殊词及权重）				
黄凯卿	信息化 informatization	信息网络 computer network	出版 publishing	数字化 digitizing	网络出版 electronic publishing
	0.75	0.5	0.5	0.5	0.5
	出版物 publication	新闻出版 printing press	网络技术 network technology	信息技术 information technology	图书发行 book distribution
	0.5	0.125	0.125	0.125	0.125
邱均平	文献计量学 bibliometrics	情报学 informatics （academic field）	大学评价 college and university rankings	网络信息计量 webometrics	知识管理 knowledge management
	1	0.444	0.869	0.695	0.695
	科学评价 scientific evaluation	期刊评价 journal evaluation	链接分析 link analysis	比较研究 comparative research	引文分析 citationanalysis
	0.695	0.695	0.608	0.521	0.478

表5-2　基于维基百科的领域本体相似度（部分）

相似度	informatization	bibliometrics	computer network	informatics (academic field)	publishing	college and university rankings	electronic publishing	webometrics	…
informatization		0.001 226	0.007 071	0.826 468	0.016 869	0.035 303	0	6.722 930	
bibliometrics	0.001 226		0.009 309	0.004 049	0.005 977	0.086 326	0.005 573	0.214 033	
computer network	0.007 071	0.009 309		0.002 585	0.024 344	0.008 608	0.007 839	0.002 637	
informatics (academic field)	0.826 468	0.004 049	0.002 585		0.014 349	0.026 960	0.001 746	0.001 746	
publishing	0.016 869	0.005 977	0.024 344	0.014 349		0.045 346	0.117 844	0.006 338	
college and university rankings	0.035 303	0.086 326	0.008 608	0.026 960	0.045 346		0.008 967	0.181 856	
electronic publishing	0	0.005 573	0.007 839	0.001 746	0.117 844	0.008 967		0.001 774	
webometrics	0.722 930	0.214 033	0.002 636	9.830 883	0.006 338	0.181 856	0.001 774		
…									

按同样的方法，分别计算出黄凯卿与邱均平所有属性相似度的值，将其累加起来根据式（5-3）计算得到两个研究人员基于属性的相似度为 0.053 900 078 313 864 3。

5.3　融合网络结构与节点属性的社区优化

社区划分的优化将采用网络结构和节点属性相结合的方法，该方法通过求解整个网络的结构与属性相结合的模块度的最优解来对初步社区划分的结果进行优化。基于网络结构和节点属性的模块度 Q 的定义如下（Viennet，2012）：

$$Q = a \times Q_w + (1-a) \times Q_A \quad (0 < a < 1) \tag{5-5}$$

其中，Q_w 是 5.1 节定义的网络加权模块度；Q_A 是网络的属性模块度。网络的加权模块度并没有考虑到网络中节点的属性的相似度，是从网络结构出发来定义的。Dang 和 Viennet（2012）定义了一种基于网络节点之间相似度的模块度，称为"属性模块度"，属性模块度的计算方式如下：

$$Q_A = \sum_{s=1}^{n_c} \sum_{V_i, V_j \in s} \mathrm{Sim}(V_i, V_j) \tag{5-6}$$

其中，Q_A 是网络的属性模块度；$\mathrm{Sim}(V_i, V_j)$ 表示节点 V_i 和 V_j 基于属性的相似度。对于一个已经被划分为 n_c 社区的网络，通过计算全部社区中节点相似度的和，得到网络的属性模块度。

在对已有的社区划分结果进行优化时，任选社区 A 中的一个节点 n，当 n 从 A 移到另一个随机的社区 B 时，所引起网络模块度的变化为模块度之差 ΔQ，计算公式如下：

$$\Delta Q = a \times \Delta Q_w + (1-a) \times \Delta Q_A \quad (0 < a < 1) \tag{5-7}$$

社区优化的过程是一个马尔可夫过程，从一个随机的社区 A 中随机地选择一个节点 n，将 n 从 A 移到另一个随机的社区 B，且 B 中的节点不属于 A 的邻居节点集，观察网络模块度之差 ΔQ 变化，如果移动之后引起的 ΔQ 为正值，则将这个节点保留在社区 B 中，否则将 n 移回社区 A 中，依此遍历网络中所有的节点，直到网络的模块度之差 ΔQ 不再增大为止。通过这种迭代方式对网络中已存在的社区节点进行调整，对已有的社区划分结果进行优化。

5.4　实验设计与分析

本章选用武汉大学信息管理学院这一科研组织来进行两方面的实证分析研

究：一是验证采用异构社会网络模型构建复杂知识网络的可行性，通过比较来探究异构科研人员网络与单关系网络的区别及优势；二是在已构建的科研合作网络的基础上，首先采用 WGN 算法对网络进行社区划分，其次通过计算网络中的节点属性的语义相似度对网络中已存在的社区节点进行调整，验证社区优化的可行性，分析比较优化前后的区别。

5.4.1　数据搜集及预处理

认知网络的数据来源于科研人员发表文章的关键词集合。从《中文科技期刊数据库》（维普）及《中国学术期刊全文数据库》（中国知网）中以作者和机构为检索项，选择高级检索入口，检索出信息管理学院 72 位教师的相关论文。删除重复的论文，共得到 3 625 篇论文，抽取每篇文章的题目、作者、关键词信息。3 625 篇论文共包含 16 036 个关键词，平均每篇文章关键词为 4.42 个，去重、合并同义词后得到关键词总数为 7 840 个。统计每个作者包含的所有关键词，生成作者关键词矩阵。

关系网络的数据来源于科研人员项目合作和著作合著。统计 1982 年到 2011 年信息管理学院出版的著作，其中有 112 本著作由研究人员合著完成。而统计 2002 年到 2011 年该院承担的国家自然科学基金项目、国家社会科学基金项目、教育部人文社科基金项目，有 168 个项目由 72 名老师中的两人或两人以上共同参与。

结构网络的数据来源于信息管理学院组织结构，由五个系和一个评价中心组成，分别是图书馆学系、信息管理科学系、档案与政务信息学系、出版科学系、信息系统与电子商务系，以及中国科学评价中心。数据收集及预处理统计结果如表 5-3 所示。

表 5-3　数据收集统计结果

关键词数据类型：数量	著作、项目数据类型：数量	组织结构数据类型：数量
节点数（老师数）：72	节点数（老师数）：72	节点数（老师数）：72
文章数：3 625	著作总数：466	组织系别数：6
包含关键词总数：16 036	合著书数：112	系平均人数：12
预处理后关键词数：7 840	项目总数：201	
平均每篇文章包含关键词数：4.42	合作项目数：168	

5.4.2　面向科研组织异构社会网络构建

1. 单关系社会网络

在作者关键词矩阵基础上，计算每两个作者之间的关键词耦合强度，并进行归一化处理，得到科研人员基于认知的关联网络，如图 5-2（a）所示。统计每两个研究人员的合作次数，经归一化处理，得到科研人员在关系维度的关联网络，如图 5-2（b）所示。再根据组织结构关系，得到科研人员在结构维度的关联网络，如图 5-2（c）所示。

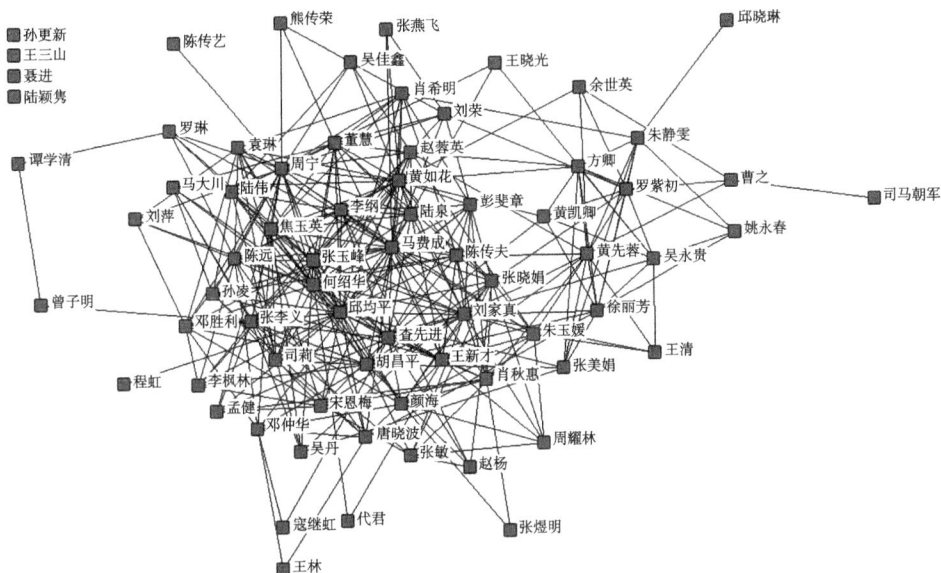

（a）认知网络

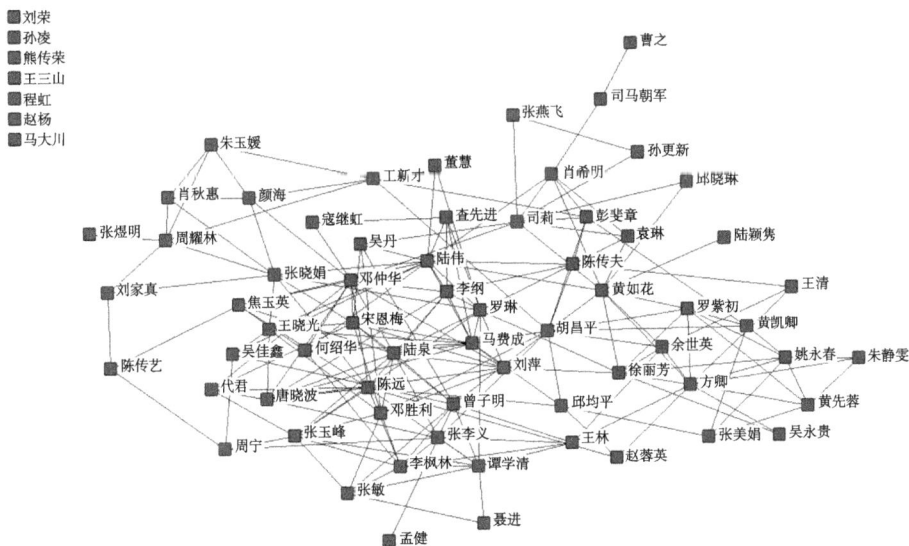

（b）关系网络

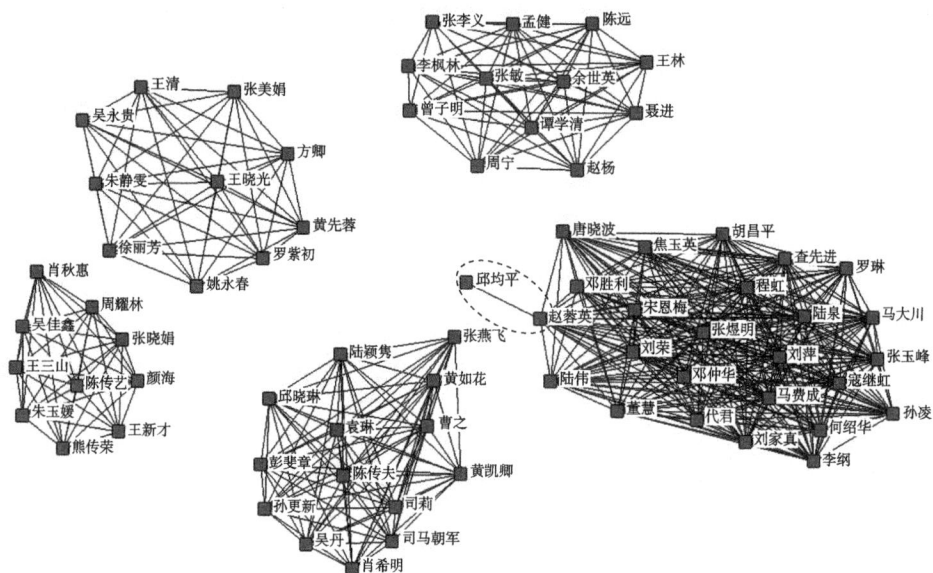

（c）结构网络

图 5-2　单一关系网络

　　表 5-4 列出了对图 5-2 中三个单一关系网络的结构分析指标，三个网络的节点数均为 72，然而边数、孤立节点数、密度、聚类系数各不相同。其中认知网络［图 5-2（a）］总边数为 339，较粗的边表示两个成员之间共同认知比较多。有四位老师由于没有和其他老师共有关键词而成为孤立节点，该网络密度为0.132 6，可以看出整个网络的紧密性较好，研究人员之间的共同认知较多。整体网络的聚类系数为 0.537，整体网络的聚集程度较高，表明该组织中成员之间联系较为紧密。

表 5-4　单关系网络结构分析

网络结构	认知网络	关系网络	结构网络
节点数	72	72	72
边数	339	198	548
孤立节点数	4	7	0
密度	0.132 6	0.077 5	0.214 4
聚类系数	0.537	0.393	0.997

　　关系网络［图 5-2（b）］体现的是成员之间的合作情况，网络总边数为 198，较粗的边表示两个成员之间合作比较频繁。72 个节点中有 7 个孤立节点，这些孤立节点老师由于已经离职或者为信息管理学院新进的年轻老师，没有与他人有合作或合

著的交流而成为孤立节点。该网络密度为 0.077 5，相比认知网络偏低，说明合作关系没有关键词耦合的关联紧密。整体网络的聚类系数为 0.393，整体网络的聚集程度较认知网络偏低，表明该组织中成员在研究合作方面呈现出的小团体并不明显。

结构网络 [图 5-2（c）] 是根据组织的系别生成的，因而研究人员相互关联多，总边数为 548，该网络密度为 0.214 4。整个网络的聚类系数为 0.997，从图 5-2（c）可以看出，整个网络由五个团体组成，分别代表了信息管理学院的五个系，其中，赵蓉英老师和邱均平老师是中国科学评价中心成员，用虚线表示关联。

为了进一步比较三个网络的差异，通过计算中心度来分析各个网络中的核心人物。中心度分析在衡量个人影响力、确定学科或组织核心人物时使用广泛。对网络 A、B 进行中心度分析，得到的结果如表 5-5 所示，由于数据量较大，表 5-5 中只列出中心度最高的前十个节点。由于网络 C 不是一个连通图，且同一个系的老师间的关联强度相同，因而在此不对其进行中心度分析。

表 5-5　网络 A、B 中心度（点度+中间）分析结果（部分）

网络 A（认知网络）				网络 B（关系网络）			
节点	点度中心度	节点	中间中心度	节点	点度中心度	节点	中间中心度
邱均平	43.662	邱均平	9.013	陆伟	19.718	陆伟	10.419
马费成	39.437	马费成	8.014	马费成	18.310	黄如花	9.640
黄如花	33.803	周宁	7.214	罗琳	16.901	胡昌平	9.240
刘家真	32.394	黄如花	7.152	邓仲华	16.901	张晓娟	8.164
周宁	32.394	刘家真	6.623	陆泉	16.901	司莉	7.669
何绍华	29.577	黄先蓉	5.785	方卿	15.493	罗琳	7.341
查先进	28.169	查先进	4.295	胡昌平	15.493	邓仲华	6.796
张玉峰	26.761	张李义	4.185	陈远	15.493	方卿	6.117
焦玉英	26.761	何绍华	3.849	黄如花	15.493	肖希明	5.490
胡昌平	23.944	胡昌平	3.293	宋恩梅	14.085	陈远	5.343

在认知网络中，点度中心度越高，表明该研究人员与其他研究人员在文章关键词耦合的关联最多，反映出他们已有很丰富的研究成果，表 5-5 列出的点度中心度高的研究人员基本上都是信息管理学院资历较深的研究人员。中间中心度较高表示节点在网络中起到了较好的桥梁作用，处于网络中结构洞的位置，表示这些研究人员在组织中，能够通过控制信息的传递而影响群体，可以促进整个网络中成员的交流。表 5-5 列出的认知网络中心度较高的"邱均平"、"马费成"、"黄如花"、"刘家真"及"周宁"分别为信息计量与科学评价、信息经济学与情报学、信息组织、电子政务以及信息检索及可视化方面的专家，也是组织中的核心成员，对其他研究人员影响较大。

在关系网络中，核心成员是指与其他研究人员合作较多的科研人员。该网络中点度中心度高的成员大多数是中青年教师，他们参与项目更为活跃，与其他老师的合著也较多。例如，"陆伟"在2003年到2011年间共参与项目合作13次，"陆泉""罗琳"参与项目合作12次。而中间中心度较高则揭示该研究人员参与的项目主题较多。

2. 多关系异构社会网络

图 5-2 展示的三个单关系网络分别从不同的维度对科研人员进行了关联。通过融合这三个单关系网络，可以更全面地分析研究人员之间的关系特征。根据 4.5 节所描述的方法进行多关系融合。首先将单个网络的边权重进行归一化处理，并计算每个网络的权重和。单个网络的边权重归一化有两种方式。一种方式是针对每个网络中边权最大的值将权重的取值归一化到 [0，1]，另一种方式是将权重根据平均权重进行归一化。针对本书得到的权重值波动较大的情况选择第二种归一化方法，得到单个网络的边权重之和分别为认知网络（339）、关系网络（198）、结构网络（548）。建立目标函数 $\max w = z_1 \times w_c' + z_2 \times w_r' + z_3 \times w_s'$ 和约束条件 $z_1+z_2+z_3=1$（$z_1>z_2>z_3>0$）。求解该模型时，将结果精确到小数点后 3 位，求得的权重系数分别为 $z_1=0.433$、$z_2=0.333$、$z_3=0.233$。根据式（4-4）将单个网络的关联强度分别乘以权重系数，得到研究人员之间总的关联强度，生成新的异构研究人员网络图 D（图 5-3）。

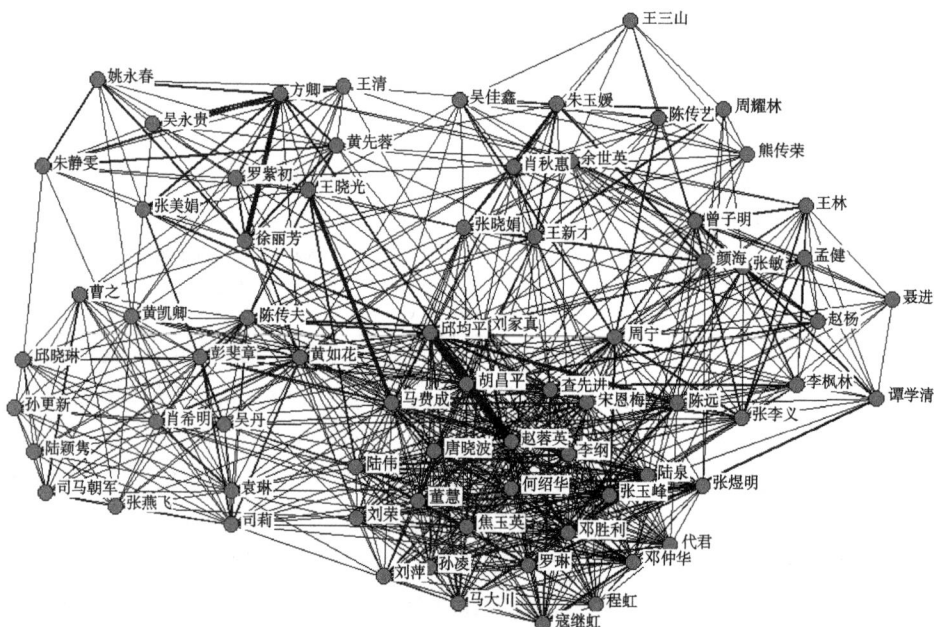

图 5-3　异构社会网络 D

$z_1=0.433$，$z_2=0.333$、$z_3=0.233$

融合后的异构社会网络存 72 个节点，804 条边，该网络的密度为 0.133 2，节点间的平均距离为 1.767，聚类系数为 0.679。相比单关系网络，异构社会网络中节点的连接更加紧密，网络结构指标见表 5-6。

表 5-6　异构社会网络的结构特性

节点数	边数	密度	距离	聚类系数
72	804	0.133 2	1.767	0.679

5.4.3　知识社区的发现及优化

1. 初始社区发现——基于网络拓扑结构

利用 WGN 算法对多关系融合的异构社会网络进行初步的社区划分，得到 11 个社区，社区的划分结果如图 5-4 和表 5-7 所示，图 5-4 中节点的不同填充形式代表不同的社区。

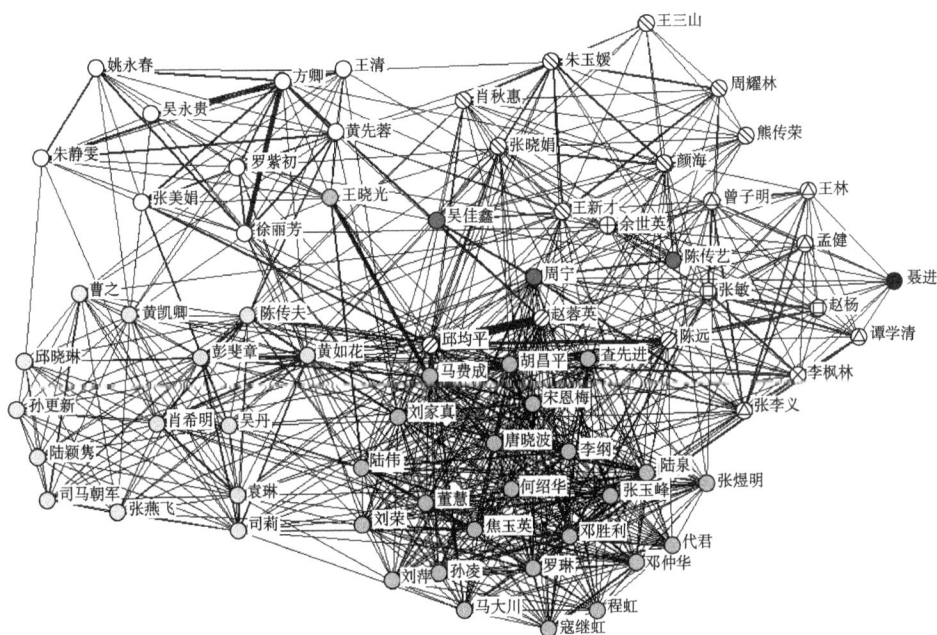

图 5-4　基于异构社会网络的初始社区划分结果图

表 5-7　基于网络结构的初步社区划分的具体结果

社区号	社区中的节点
社区 1	代君 马费成 何绍华 刘家真 刘荣 刘萍 马大川 唐晓波 孙凌 寇继虹 宋恩梅 张煜明 张玉峰 李纲 查先进 焦玉英 王晓光 程虹 罗琳 董慧 胡昌平 邓胜利 邓仲华 陆泉 陆伟
社区 2	朱玉媛 肖秋惠 张晓娟 熊传荣 王三山 颜海 王新才 周耀林
社区 3	黄凯卿 黄如花 司莉 司马朝军 吴丹 孙更新 肖希明 袁琳 邱晓琳 张燕飞 彭斐章 陈传夫 陆颖隽 曹之
社区 4	黄先蓉 朱静雯 王清 吴永贵 张美娟 方卿 罗紫初 徐丽芳 姚永春
社区 5	孟健 谭学清 张李义 王林 曾子明
社区 6	陈传艺 吴佳鑫 周宁
社区 7	赵蓉英 陈远 邱均平
社区 8	赵杨 张敏
社区 9	李枫林
社区 10	余世英
社区 11	聂进

从图 5-4 可以看出，异构社会网络被划分为 11 个社区，这 11 个社区的成员由于联结强度较大而聚集形成，同时，不同社区的成员之间也存在一些联系。另外还可以看出，同一个社区的成员大多是同一个系的老师，这很容易理解，因为同一个系的老师研究方向相近，因而科学交流比较频繁，但是，图 5-4 中也存在不同系别的老师被划分在同一个社区的情况，如属于出版科学系的"王晓光"、信息科学系的"马费成"等老师在同一个社区，档案与政务信息学系的"吴佳鑫"和信息系统与电子商务系的"周宁"在同一个社区等，在本书后续的讨论章节将对此现象进行详细分析。

2. 知识社区优化——结合节点属性相似度

单一基于网络拓扑结构的社区划分方法忽略了节点的属性所具有的内容信息，因而下面考虑将节点属性的内容信息融合到社区划分的过程中。根据 5.2.2 小节中介绍的方法计算实验中每两个研究人员之间基于属性的相似度，结果如表 5-8 所示（由于数据量较大，只列出一部分）。

表 5-8　研究人员节点属性相似度值（部分）

相似度	方卿	王晓光	肖希明	胡昌平	赵蓉英	邱均平	陈传夫	马费成	黄如花	…
方卿	—	0.074	0.055	0.058	0.124	0.133	0.039	0.064	0.062	

相似度	方卿	王晓光	肖希明	胡昌平	赵蓉英	邱均平	陈传夫	马费成	黄如花	…
王晓光	0.074	—	0.124	0.134	0.118	0.130	0.079	0.317	0.141	
肖希明	0.055	0.124	—	0.101	0.086	0.100	0.148	0.149	0.211	
胡昌平	0.058	0.134	0.101	—	0.105	0.121	0.083	0.175	0.141	
赵蓉英	0.124	0.118	0.086	0.105	—	0.390	0.038	0.105	0.042	
邱均平	0.133	0.130	0.100	0.121	0.390	—	0.060	0.103	0.081	
陈传夫	0.039	0.079	0.148	0.083	0.038	0.060	—	0.084	0.175	
马费成	0.064	0.317	0.149	0.175	0.105	0.103	0.084	—	0.095	
黄如花	0.062	0.141	0.211	0.141	0.042	0.081	0.175	0.095	—	
…										

研究人员节点属性相似度的大小反映了节点间基于研究兴趣相似性的大小，将属性的相似度进行归一化处理，据此在科研网络中进行基于研究节点属性的社区划分，划分的结果如图 5-5 和表 5-9 所示。

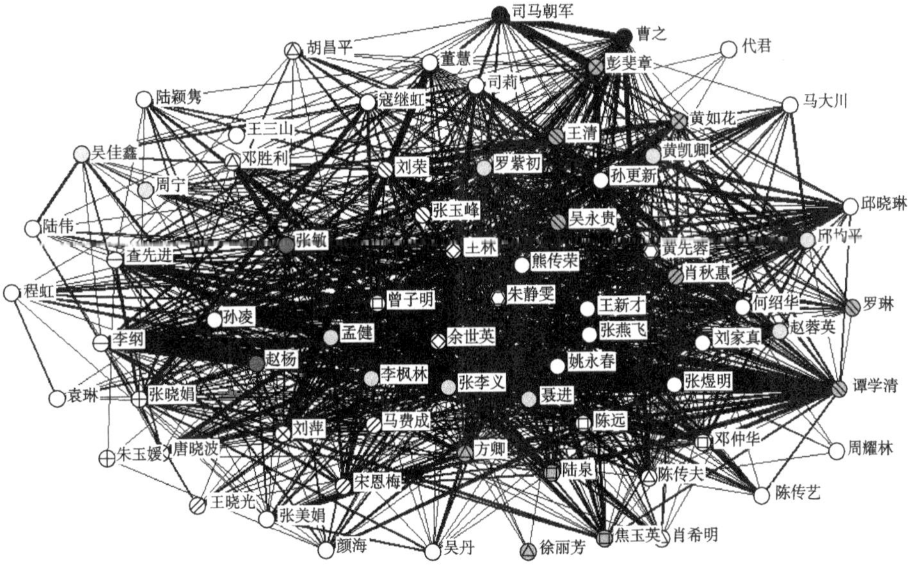

图 5-5　基于节点属性的社区划分

表5-9　基于节点属性的社区划分结果图

社区号	社区中的节点	社区号	社区中的节点	社区号	社区中的节点
社区1	孟健 张李义 聂进 李枫林	社区17	赵蓉英 邱均平	社区33	张美娟
社区2	王晓光 马费成 宋恩梅	社区18	彭斐章 黄如花	社区34	邱晓琳
社区3	邓仲华 陈远	社区19	罗紫初 黄凯卿	社区35	代君
社区4	胡昌平 邓胜利	社区20	焦玉英 陆泉	社区36	颜海
社区5	徐丽芳 方卿	社区21	张敏 赵杨	社区37	曾子明
社区6	唐晓波 刘萍	社区22	孙凌	社区38	肖秋惠
社区7	司马朝军 曹之	社区23	何绍华	社区39	张燕飞
社区8	罗琳 谭学清	社区24	陆颖隽	社区40	陆伟
社区9	张晓娟 朱玉媛	社区25	司莉	社区41	熊传荣
社区10	肖希明 陈传夫	社区26	吴丹	社区42	王新才
社区11	吴永贵 王清	社区27	袁琳	社区43	董慧
社区12	李纲 查先进	社区28	周耀林	社区44	马大川
社区13	余世英 王林	社区29	寇继虹	社区45	姚永春
社区14	吴佳鑫 周宁	社区30	孙更新	社区46	陈传艺
社区15	刘荣 张玉峰	社区31	刘家真	社区47	王三山
社区16	朱静雯 黄先蓉	社区32	张煜明	社区48	程虹

　　从图5-5可以看出，由于网络节点间彼此都存在相似度的联系，只是相似度大小不同导致联系的强弱不同，因此整个网络相较于科研合作网络而言，边数更多，网络更密集，整体形态也更有规律。网络根据相似度划分为48个社区，具体划分结果见表5-9。较之于基于网络结构的划分结果，基于网络节点属性的划分所得到的结果社区数量明显增多，其中只有"孟健"、"张李义"、"聂进"和"李枫林"是四个老师一个社区，"王晓光"、"马费成"和"宋恩梅"是三个老师在一个社区，其他46个社区中，有19个社区由两个老师组成，剩下27个社区均只由一个老师组成。从图5-5中可以看出，大多数社区的节点在网络中都是相邻的，分析各位老师属性相似度的原数据发现，造成这种情况的原因主要在于，不管老师们之间是否有过合作交流或是共词等联系，在他们基于研究兴趣的属性特征集中，每个老师的特征词之间都存在或大或小的相似度的值，只是相似度大小不同，因而导致每个老师间都存在一定的相似性，只有一些研究兴趣特别相似的老师之间的相似度明显比与其他老师大，如同时研究科学评价的邱均平老师和赵蓉英老师，以及都是研究信息可视化的吴佳鑫和周宁老师等。

　　为了实现对初始划分结构的优化，将基于网络结构和节点属性相似度的方法结合起来，在初步社区划分的基础上，结合节点属性的相似度对网络中的节点之间的联系进行重新计算，并根据5.3节的式（5-5）～式（5-7），实验取 $\alpha=0.5$，采用整个网络的网络结构与属性相结合整体模块度最优的方法优化社区划分，优化后的划分结果如图 5-6 和表 5-10 所示。

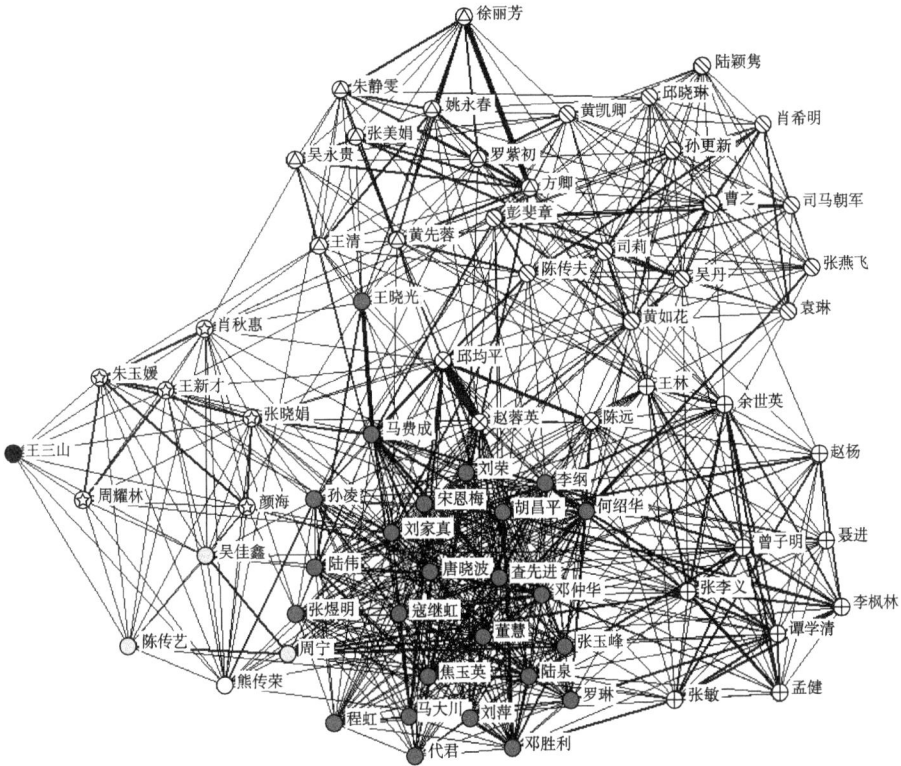

图 5-6　基于网络结构和节点属性的社区优化

表 5-10　基于网络结构和节点属性的社区优化划分的具体结果

社区号	社区中的节点
社区 1	代君 马费成 何绍华 学纲 刘家真 刘荣 刘萍 查先进 马人川 焦玉英 王晓光 唐晓波 孙凌 罗琳 董慧 胡昌平 寇继虹 宋恩梅 张煜明 张玉峰 程虹 邓胜利 邓仲华 陆泉 陆伟
社区 2	朱玉媛 肖秋惠 张晓娟 颜海 王新才 周耀林
社区 3	陈传艺 吴佳鑫 周宁
社区 4	赵蓉英 陈远 邱均平
社区 5	熊传荣
社区 6	王三山
社区 7	黄凯卿 黄如花 司莉 司马朝军 吴丹 孙更新 肖希明 袁琳 邱晓琳 张燕飞 彭斐章 陈传夫 陆颖隽 曹之
社区 8	黄先蓉 朱静雯 王清 吴永贵 张美娟 罗紫初 方卿 徐丽芳 姚永春
社区 9	孟健 李枫林 余世英 赵杨 谭学清 张李义 王林 聂进 曾子明 张敏

从图 5-5 和表 5-10 的社区划分结果来看，优化后的网络被划分为九个社区，

其中有两个社区只有一个节点。从划分的结果来看，被划分在同一个社区的老师基本上属于同一个系别，如社区 1 中的老师主要是信息管理科学系的老师，社区 2 的老师主要来自档案管理系，社区 7 中的老师主要来自图书馆学系，社区 8 的老师主要来自出版科学系，社区 9 的老师主要来自电子商务系，这与现实情况相符。此外，优化后的划分结果与初始划分结果相比，由孤立节点组成的社区个数变少。

5.4.4　讨论及分析

1. 单关系网络与多关系异构社会网络

将图 5-3 的异构社会网络与图 5-2 中单关系网络对比，可以发现：异构社会网络中不存在孤立节点；节点之间的联系增多，网络的边数明显增加，关联强度增强；密度和聚类系数变大，而网络的直径变小。这反映出融合后的网络能够更好地揭示出成员之间的紧密联系及互动性，同时也体现出科研网络中科学交流对象的广泛性，具体来讲：

（1）在融合后的异构社会网络中，孤立的节点因为考虑了多种关系而不复存在。在认知网络中，"孙更新"等四位老师因为没有与其他老师的作者关键词集中出现耦合的关键词而成为孤立的节点，在关系网络中，"刘荣"等七位老师因为和别人不存在合作关系而成为孤立节点。但是，对于一个科研组织而言，完全与其他成员没有任何科学交流的成员是不存在的，因此这些单关系网络在反映科研关系的时候存在片面性，只是从某一个角度（如合作）来探究成员的科研交流关系，但经过多关系融合后，在异构社会网络中考虑了多种科学交流关系，使得原有的孤立节点找到了所属的团体，如"孙更新"虽然没有共词关系，但因为与"司莉""张燕飞"等分别合作过两个项目而产生关联从而不再是网络中的孤立节点。

（2）融合后的异构社会网络具有社区的结构特征，但相较于结构网络来讲，不再是彼此毫无关联的五个社区。在科研组织中，由于研究方向和兴趣的异同，必然会存在联系交流相对频繁的小团体，在这里称之为科研组织的社区结构。在结构网络中，老师根据所属的系别明显地划分成了五个社区，且五个社区之间没有关联，如图 5-2（c）所示，但是，在融合后的异构社会网络中，整体上还是存在五个联系非常紧密的社区，但社区之间也存在很多联系，这种现象体现出该学院跨学科交流的工作非常频繁，与现实的情况也更加相符，因此，异构社会网络更加能够体现科学交流的特征和规律。

此外，在初始的网络社区划分的结果中，存在不同系别的老师被划分在同一个社区的情况，如属于出版科学系的"王晓光"、信息科学系的"马费成"等老师在同一个社区，档案与政务信息学系的"吴佳鑫"和信息系统与电子商务系的"周宁"

在同一个社区等。下面以"王晓光"为例来具体分析这种情况产生的原因。

在武汉大学信息管理学院中,"王晓光"属于出版科学系,但是他被划分到由"马费成""宋恩梅""唐晓波"等来自信息科学系的老师所组成的社区中。其在异构社会网络中的邻居节点网络图如图 5-7 所示,其中左下角为其在认知网络中的邻居节点网络图。

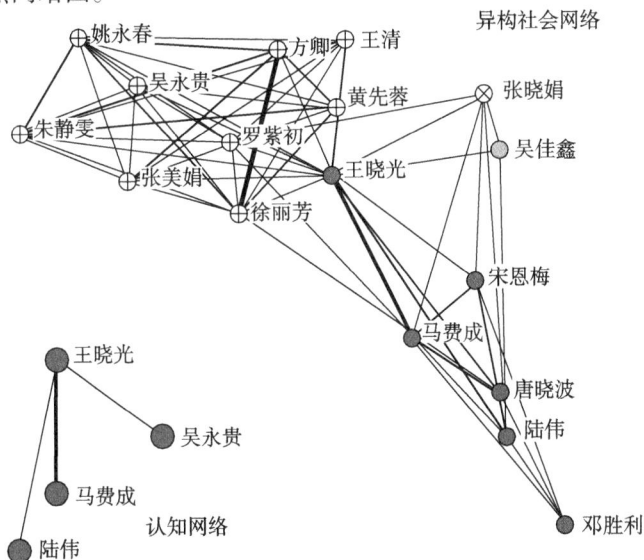

图 5-7 "王晓光"邻居节点网络图

"王晓光"的邻居节点网络图是整个组织异构社会网络图的一部分,显示了所有与"王晓光"有科学交流的节点所构成的网络。图 5-7 中边的粗细代表关联强度的大小,不同社区的节点用不同的填充形式加以表示。从图 5-7 中可以看出,"王晓光"与"马费成"的联结强度最大,同时也与"宋恩梅"存在较紧密联系,所以,这三个老师会被划分到同一个社区。进一步分析"王晓光"个人主页中的研究方向可以发现,其研究方向除了"数字出版理论与技术""数字人文""数字资产管理"以外,还包括"知识网络分析""网络数字信息管理"等,这些研究方向都属于信息科学系的研究范畴。分析其合著情况发现,"王晓光"曾参与了由"马费成"主编的《情报学研究进展》的编写,负责"信息资源管理研究进展"的章节,另外,与"马费成"共同发表了《信息资源配置与共享效率》等 11 篇期刊论文,这与其在认知网络中与"马费成"有着紧密联系相对应。

将"王晓光"认知网络与异构社会网络中的邻居节点图对比可以发现,在认知网络中,"王晓光"与"宋恩梅"并无联系,但是异构社会网络中他们被划分在同一个社区中。分析"王晓光"和"宋恩梅"近年发表的文章,"宋恩梅"在2006 年发表了一篇题为《基于信息共享的网络科学交流》的论文,王晓光也曾在

2010 年发表过《博客社区内的互动交流：基于评论行为的实证研究》。这两篇文章虽然从字面意思上来看没有相同的词语，导致了两位老师在认知网络中并无关联，但实际上这两篇文章都涉及"科学交流"的研究领域，因此可以发现，如果只基于某种单一关系来构建网络，可能会忽略他们之间潜在的联系。进一步统计其项目合作情况可以发现，从 2003 年到 2011 年，"王晓光"与"宋恩梅""马费成""唐晓波"等合作项目"知识网络的形成机制及演化规律研究"，与"宋恩梅"合作"参与协作式情报空间的构建与应用研究""科学知识网络的形成与演化：词汇维度上的计量与实证研究""Web2.0 环境下的情报空间构建与演化"等项目，从数据可以看出，这两位老师其实是有着密切的科研合作关系的。异构社会网络因为同时考虑了多种关系，因而在划分社区时，将这两个老师划分到了一个社区。这也反映出异构社会网络能更好地刻画出研究者之间基于研究兴趣相似度关系的关联强度。

　　通过对上述例子的分析可以看出，在异构社会网络构建过程中，由于在多关系融合时赋予了认知网络最大的权重系数，因此异构社会网络反映出的整体网络形态与认知网络相似，但是由于其同时兼顾了关系网络和结构网络，因而异构社会网络能弥补仅仅通过共词的认知关系以及合作关系网络等单关系网络的不足，将一些有着潜在的合作关系，即有着相似研究兴趣却没有明确共词关系或合作关系的研究者发掘出来，这不仅是科研关系更真实的反映，同时也为科研合作与交流指明了方向。

　　为了进一步比较异构社会网络与单关系网络在反映组织内部科学交流情况以及探索成员科研关系方面的异同，我们又分别计算多个网络的距离及基于距离的凝聚力指数，并汇总为表 5-11。

表 5-11　各网络的密度、距离和凝聚力指数

项目	认知网络	关系网络	结构网络	异构社会网络
密度	0.132 6	0.077 5	0.214 4	0.133 2
距离	2.264	2.750	1.042	1.767
凝聚力	0.456	0.349	0.219	0.644

　　从表 5-11 可以看出，与单关系网络相比，异构社会网络密度较大，网络的平均距离较小，仅次于结构网络，这是由于结构网络以系别生成，同一个系的老师之间距离都为 1，使得网络整体平均最短距离最小，但较之于认知网络和关系网络，异构社会网络中节点的平均距离最小，说明在异构社会网络中边的数量增加，点之间的联系增多，使得原本在某一单关系网络中没有联系的节点关联起来。另外，异构社会网络的凝聚力指数最高，为 0.644，表明其社区内部成员具有较强的关联紧密，凝聚力强。同时，网络中节点之间的平均距离为 1.767，也体现了网络中节点的连接更加紧密，在异构社会网络的基础上对组织进行社区划分，能够较好地根据

其合作交流的频繁程度或者根据其研究方向与研究兴趣的相似度,将一些组织中原本属于不同系但合作频繁且有共同的研究兴趣的老师划分到同一个社区中,这样的结果能更加准确地反映组织中的跨学科交流的频繁程度以及科研组织中学科交流中的互动紧密性,为组织中科研交流合作中的知识传播与共享提供了基础。

异构社会网络 D 的点度中心度和中间中心度最高的前十个节点如表 5-10 所示:与单关系网络相比,网络中的核心节点发生了变化,如与认知网络对比,异构社会网络中的中心度最大的点分别是"刘家真"、"胡昌平"、"马费成"、"何绍华"、"张玉峰"、"查先进"和"黄如花"等老师,由于在进行多关系融合的时候,赋予了认知关系较大的权重(0.433),所以异构社会网络中的核心节点较之关系网络和结构网络,更接近于认知网络。但是,受关系关联和结构关联的影响,异构社会网络中的关联强度发生了变化,使得网络的核心节点有所改变。"周宁"由于已退休,近八年的著作和项目成果较少,使得他与其他人的关系关联较低,因而总的关联强度变小导致节点的中心度变小。"邱均平"因为没有直接隶属于某个系别,而只跟赵蓉英老师同属科学评价中心,导致其在结构网络中与他人的联系较小,在融合的异构社会网络中与他人的关联程度减小,所以不再属于点度中心度最高的十个节点之一。而"刘家真"老师因为与他人合著合作非常频繁,使得其在异构社会网络中的关联强度变大,成为点度中心度和中间中心度都是最大的节点。另外,对于"胡昌平""张玉峰"等老师,从表 5-12 中可以看出这些老师也是认知网络的核心节点,只是相较"周宁"而言,点度中心度较低,但他们在关系网络中点度中心度较大,是关系网络的核心节点,所以在融合后的异构社会网络中他们成为核心节点。这样的情况也与组织目前的情况更相符,反映出异构社会网络关系的多元性,以及在刻画组织社会关系上的优越性。

表 5-12　异构社会网络中心度分析结果(部分)

网络 D(异构社会网络)				网络 A(认知网络)			
节点	点度中心度	节点	中间中心度	节点	点度中心度	节点	中间中心度
刘家真	56.338	刘家真	5.187	邱均平	43.662	邱均平	9.013
胡昌平	56.338	黄如花	4.664	马费成	39.437	马费成	8.014
马费成	54.930	胡昌平	3.779	黄如花	33.803	周宁	7.214
何绍华	47.887	周宁	3.558	刘家真	32.394	黄如花	7.152
张玉峰	47.887	张晓娟	2.908	周宁	32.394	刘家真	6.623
查先进	47.887	马费成	2.729	何绍华	29.577	黄先蓉	5.785
黄如花	47.887	陈传夫	2.671	查先进	28.169	查先进	4.295
宋恩梅	46.479	余世英	2.584	张玉峰	26.761	张李义	4.185
李纲	46.479	吴丹	2.083	焦玉英	26.761	何绍华	3.849
焦玉英	46.479	邱均平	1.952	胡昌平	23.944	胡昌平	3.293

2. 社区优化前后对比

将社区优化前后的结果进行对比，结果见表 5-13。从表 5-13 可以看出，相较基于网络结构的社区划分和基于节点属性相似度的社区划分的结果，综合考虑网络结构和节点属性的方法所得到的划分结果与优化前的结果差异并不悬殊，只有少数节点所属的社区发生了改变（在表 5-13 中用黑体标注差别）。同时，优化后的结果中孤立节点数变少，只有两个孤立节点。余世英、赵杨、李枫林、聂进四位老师由于属性相似度与张李义老师比较高，因此，从以前的孤立节点或是仅由两个节点组成的社区被划分到与张李义、孟健等电子商务的老师一个社区中。

表 5-13　社区优化前后结果对比

社区号	优化前	优化后
社区 1	代君 马费成 何绍华 刘家真 刘荣 刘萍 马大川 唐晓波 孙凌 寇继虹 宋恩梅 张煜明 张玉峰 李纲 查先进 焦玉英 王晓光 程虹 罗琳 董慧 胡昌平 邓胜利 邓仲华 陆泉 陆伟	代君 马费成 何绍华 李纲 刘家真 刘荣 刘萍 查先进 马大川 焦玉英 王晓光 唐晓波 孙凌 罗琳 董慧 胡昌平 寇继虹 宋恩梅 张煜明 张玉峰 程虹 邓胜利 邓仲华 陆泉 陆伟
社区 2	朱玉媛 肖秋惠 张晓娟 **熊传荣 王三山** 颜海 王新才 周耀林	朱玉媛 肖秋惠 张晓娟 颜海 王新才 周耀林
社区 3	黄凯卿 黄如花 司莉 司马朝军 吴丹 孙更新 肖希明 袁琳 邱晓琳 张燕飞 彭斐章 陈传夫 陆颖隽 曹之	黄凯卿 黄如花 司莉 司马朝军 吴丹 孙更新 肖希明 袁琳 邱晓琳 张燕飞 彭斐章 陈传夫 陆颖隽 曹之
社区 4	黄先蓉 朱静雯 王清 吴永贵 张美娟 方卿 罗紫初 徐丽芳 姚永春	黄先蓉 朱静雯 王清 吴永贵 张美娟 罗紫初 方卿 徐丽芳 姚永春
社区 5	孟健 谭学清 张李义 王林 曾子明	孟健 **李枫林 余世英 赵杨** 谭学清 张李义 王林 **聂进** 曾子明 **张敏**
社区 6	陈传艺 吴佳鑫 周宁	陈传艺 吴佳鑫 周宁
社区 7	赵蓉英 陈远 邱均平	赵蓉英 陈远 邱均平
社区 8	**赵杨 张敏**	熊传荣
社区 9	**李枫林**	王三山
社区 10	**余世英**	
社区 11	**聂进**	

此外，本章分别从加权模块度和基于语义贴近度的信息熵两项指标来评价社区划分的结果，并对不同方法所实现的社区划分的结果进行比较。模块度是用来衡量社区划分好坏最常用的指标，加权模块度通常用来衡量加权网络中社区划分的质量，一般认为，大的模块度对应着网络较好的划分结果，是从网络结构的角度来衡量社区划分结果好坏的。信息熵是从网络内容属性方面来衡量社区划分结果好坏的，一般认为，同一个社区中节点的相似性越大，这个社区的信息熵越低。整个网络的信息熵为各个社区信息熵的总和，所以，每个社区中的节点越相似，

网络的信息熵则越小。

熵最早是物理学里的名词，在传播学中是指信息的不确定性，一般认为，一组高度无序的集合具有较高的信息熵。当涉及数据挖掘时，信息熵则用来测量一组元素的相似程度：一组相似的元素具有较低熵，即被认为是更有序的。由此可知，在划分社区时，同一个社区中的节点若彼此相似度较大，则该社区的信息熵就会较小，整个网络的信息熵也会较小。基于语义贴近度的信息熵的计算方法如下（Li et al.，2004）。

对于任意一个已有的社区 k，利用式（5-8）计算每个社区的基于语义贴近度的信息熵 $H(C_k)$：

$$H(C_k) = -\sum_{i=1}^{|C_k-1|}\sum_{j=i+1}^{|C_k|} \mathrm{Sim}(V_i,\ V_j)\ln \mathrm{Sim}(V_i,\ V_j)$$
$$+ \left(1-\mathrm{Sim}(V_i,\ V_j)\right)\ln\left(1-\mathrm{Sim}(V_i,V_j)\right) \tag{5-8}$$

其中，$H(C_k)$ 表示社区 k 的基于语义贴近度的信息熵；$\mathrm{Sim}(V_i,\ V_j)$ 表示节点 V_i 和 V_j 基于属性的相似度。对每个社区的信息熵求和就得到整个网络的信息熵 H，如式（5-9）所示：

$$H = \sum_{k=1}^{n} H(C_k) \tag{5-9}$$

从上述信息熵计算过程可以看出，计算节点属性基于语义贴近度的信息熵会产生两种极端的情况：一是将所有节点划分到一个社区，此时整个网络的信息熵达到最大值；二是将每个节点单独划分为一个社区，则整个网络的信息熵为 0。当所有节点都被划分到同一个社区时模块度最大，网络信息熵也最大。考虑到当网络模块度变大时，网络的信息熵也会变大，即当我们得到一个模块度最大的社区划分时，此时社区中节点的相似性就会减小，所以当我们增强基于网络结构的划分效果的同时，势必会削弱基于内容相似度的社区划分效果，反之亦然。社区划分的最终目标为找到同时满足网络结构紧密且属性语义相似度高的划分，所以在进行社区划分的时候，我们不能单方面追求模块度最大化或是网络基于语义贴近度的信息熵的最小化，而要根据实际的分析需求寻求二者之间的平衡。

分别计算基于网络结构、基于节点属性和本书的基于网络结构与节点属性相结合的三种社区划分方法所得到的社区划分结果的模块度及信息熵，来比较三种方法的优劣，计算结果如表 5-14 所示。

表 5-14　三种方法加权模块度与信息熵结果

项目	基于网络结构的划分	基于节点属性的划分	基于网络结构+节点属性的划分
加权模块度	0.328	0.465	0.431
信息熵	24.865	19.967	17.201

从表 5-14 中可以看出,基于节点属性的划分方法所得到划分结果的模块度最大,基于网络结构和节点属性的划分方法所得到的划分结果信息熵最小,同时,网络的加权模块度比仅仅基于网络结构划分的社区结果要大,而比基于节点属性划分的社区结果要小,这样的结果也与 5.3 节中提到的社区优化时的情况相符。在社区优化时,同时满足网络加权模块度最大而网络的信息熵最小只是一种理想的状态,因为前者增大的同时势必伴随着后者的增大。本章提出的优化方案在模块度和信息熵两个评价指标中找到一个平衡,使得网络的加权模块度尽可能大而网络信息熵尽可能小,得到一个两方面都比较理想的划分结果。

5.5 本 章 小 结

本章选用武汉大学信息管理学院的所有教师作为研究对象,搜集数据。接着采用本章提出的方法构建该组织的基于研究兴趣的异构社会网络,从密度、直径、聚类系数三个方面分析专家网络的整体网络特性,利用点度中心度和中间中心度指标确定组织中的核心人物。接着应用 WGN 方法对网络进行社区划分,然后计算网络节点属性的相似度,对社区发现的过程进行优化,挖掘组织知识社区,最后采用一定的评价策略对实验结果进行评价。

第6章 学者领域知识结构挖掘

本书前几章重点讨论了潜在知识社区的发现，本章关注的是个体学者领域知识结构的挖掘与分析。明晰个体知识结构的差异，能更好地识别学者的专长所在，为组建科研创新团队提供帮助。本章首先针对学者隐性知识挖掘研究现状进行述评，其次分析学者领域知识的内涵与结构，详细论述基于知识网络的学者领域知识结构模型和构建方法，最后以武汉大学20位学者为研究对象进行实证分析。

6.1 研 究 现 状

学者领域知识的发现本质上是隐性知识挖掘，从外显化的文本中挖掘出隐藏在其中的领域知识。Sternberg（2000）提出了询问记录专家在工作中如何解决问题的方法，来提取专家的隐形知识。Turner（2005）根据观察记录专家在工作中投入的时间与财力来提取专家的隐性知识。武淑媛（2010）以管理学部学科分类作为基准，采用多项选择问题的调查问卷形式，让高校专家根据自己的情况选择填答，通过填答的调查问卷来发现专家的领域知识。这些方法都具有很强的主观性，费时费力。专家作为知识创新的主体，其领域知识主要是以发表的期刊论文、会议论文、专著及研究报告等形式外显出来的，因此要发现专家领域知识，需要借助一定的信息技术从这些外显化的信息中获取。

Tacit 公司的 KnowledgeMail 系统使用信息检索技术统计在现存的商业 Email 系统中所使用的关键词的频率，将频率较高的词作为专家领域知识，并且把频率作为权重衡量专家具有的领域知识水平。Sanghee（2001）的 EMNLP（expertise modeling using natural language processing，即基于自然语言处理的专长建模）开发系统将用户之间的 Email 交流信息作为研究对象，使用自然语言处理技术对消息中的每个句子依照句法结构进行分析，从有第一人称的句子中抽取用户的领域知识，并且认为有第一人称的句子中的动词可以传达作者的意图，能够表现出作者对其领域知识的确认度。系统使用 WordNet 给每个动词制定一个权重值，根据识别出的主要动词的权重，定义用户的领域知识级别。

Ramon（2001）的 NetExpert 系统从共同合作发表文章库中选择评价比较高的文章，将文章用一系列表示专家研究内容的重要术语来表示的文档，用空间向量模型表示。对这些术语采用 TF-IDF 方法进行计算，取权重较高的词作为专家领域知识。虽然以上基于关键词的专家领域知识描述方法能够自动地发现专家领域知识，但是关键词描述的专家领域知识不明确。

Xu（2007）在维基百科的环境下，提出了基于语言模型的专家领域知识发现，主要是利用维基百科中的分类主题作为已知条件，对分类主题下的文档进行词的预处理，将得到的各分类主题下的关键词作为查询术语给专家文档打分，将专家文档的最后得分进行综合，从而发现专家领域知识。Liu 等（2002）及 Mockus 和 Herbsleb（2002）将需要查询的专家领域知识作为查询术语，提出了用传统的信息检索技术来发现专家领域知识，并用词汇组成的向量来表示专家领域知识。Balog 和 Maarten（2007）利用文本挖掘技术挖掘领域知识，然后将挖掘出来的领域知识作为查询语句，采用一定的概率语言模型，得到专家在各领域的知识水平。这种基于概率语言模型的方法的条件就是要已知领域知识主题，虽然可以通过一定的方法得到相关领域知识，但是不仅需要一定的背景知识，而且得到的这种领域知识并不全面，使得在揭示专家领域知识全面性方面也受到影响。

张晓娟等（2012）将 PLSA 算法用于识别图书情报领域专家领域知识，在将主题个数设置为 250 的基础上，对专家所在领域的 6 564 篇文档进行分析，利用 PLSA 得到的论文-主题和主题与词之间的矩阵，将统计专家发表的论文所属主题的概率的前 10 个作为这位专家的领域知识。王萍（2011）通过向 LDA 模型中增加一个主题分配给专家的参数得到 Topic-author 模型，从而获取专家-主题分布，结合主题-词分布识别专家领域知识。龙昕（2010）将利用 LDA 识别出的专家领域知识用于专家社区发现中，选用计算语言学会（The Association for Computational Linguistics，ACL）语料库中的文档集作为训练集，在 LDA 识别过程中首先利用 TF-IDF 来降低文档目录，生成基于关键词的文档数量，然后采用 Perplexity 方法确定隐含主题的个数，最后通过吉布斯（Gibbs）采样算法获取专家领域知识。

J. Tang 等（2008）建立了 ACT（author-conference-topic，即作者会议主题）模型，这个模型的本质是将一个隐含的主题模型作为连接会议、作者、主题三个对象之间的桥梁，从而建立这三个对象之间的关系。更具体地说就是利用这个潜在的主题模型分别为这三个对象建立一个混合的主题分布，每一个对象的主题分布代表了对象与每一个主题之间的概率分布，如对于每一个作者 a，都有一系列

的概率 $\{P(z_i|a)\}$，分别表示作者 a 拥有主题 z_i 的可能性。Michal 等（2004）提出作者主题（author topic，AT）模型，它是对 LDA 模型的一种扩展，还包含了作者的信息。每个作者都有一定的主题从属分布信息，如某个作者关注的领域在数据库技术、数据挖掘等领域，而另一个作者的重心是人工智能、传感器网络等领域。一篇文章往往有几个作者，它的主题分布则可以模型化为几个作者的主题分布的一种组合。由此 AT 模型可以同时获得两种主题，即文档数据的内容信息及作者的领域知识。

骆国靖（2008）提出了会议作者主题（conference author topic，CAT）模型，来挖掘主题-词、作者-主题及会议-主题之间的关系，通过挖掘出的主题-词和作者-主题之间的关系可以在主题驱动和成员驱动这种方式下挖掘出与主题相关的专家以及与专家研究非常接近的其他专家。并且该文还根据模块化网络算法构造主题相互影响的模块化网络，来揭示主题之间的关系和影响。虽然基于 PLSA 模型、LDA 模型及 LDA 模型的改进方法能够比较客观和准确地获取专家的领域知识，但是这些方法发现的主题之间并不是相互独立的，而是有关联的，因而这些方法未能揭示主题之间的关联关系。

以上相关研究都是从词的角度来探测专家领域知识的，而 Reagans 和 McEvily（2003）从理论方面研究知识网络结构对领域知识转移的凝聚力和范围的影响。McCarty（2007）则采用实验来证明，采用图形中的凝聚力和子组的方法可以发现领域知识网络结构的变化。席运江和党延忠（2005）建立专家知识的网络模型，将专家科研成果中的关键词作为网络的节点，将关键词之间的字面相似程度作为网络的边，通过对模型进行网络分析、对子群组中的知识点进行知识聚合，可获得知识核和知识子核，从而实现专家领域知识的准确获取。然后在此基础上又提出了加权的领域知识网络表示模型（席运江和党延忠，2007），此模型被看成一个有向的层级式网络。但是该知识网络只是单纯地考虑到知识之间的字面关联，忽略了知识之间的语义关联，会遗漏一些字面意思不一致，但是表达的主题却是一样的知识关联问题，如"知识管理"和"Knowledge management"。

巩军和刘鲁（2010）采用维基百科计算单个专家科研成果中提取的关键词的语义关联及高频关键词分别作为专家领域知识网络中的边与节点，利用谱分割算法和模块度评价指标对专家领域知识网络进行划分，识别此专家具有的领域知识数目。这种知识网络划分发现专家领域知识的方法比较客观，也具有一定的可操作性，但是其构建知识网络时所用的知识点选取的是高频关键词，这种知识节点选取的方法容易造成重要知识遗漏的问题。

综上所述，专家领域知识发现的方法主要有基于人工归纳总结的方法、基于词频分析的方法、基于信息检索的方法、基于主题模型的方法与基于高频关键词知识网络的方法。而通过分析可知基于人工归纳总结的方法很客观但工作量很大；基于词频分析的方法对领域知识描述不准确；基于信息检索的方法发现领域知识不全面；基于主题模型的方法不能揭示领域知识之间的关联关系；基于高频关键词知识网络的方法在知识节点筛选过程中容易造成重要知识遗漏。

经分析，知识网络在揭示知识关联关系方面具有很重要的作用，其中知识网络中的两大因素——知识节点和知识节点之间的关联关系直接影响知识网络展现成果的好坏。目前知识网络的研究中，知识节点采用的都是高频关键词，而忽略低频关键词，导致有些低频关键词表现的重要的知识结构不能被挖掘出来。另外，知识网络的知识节点之间的关联关系，基本上都在一定的背景信息环境中获得，这就导致有些脱离这些背景信息的知识之间的关联关系不能被计算出来。再分析 LDA 模型，其良好的概率推理机制使得其在主题挖掘中得到广泛的应用，但是其也存在两个缺陷：一是挖掘的主题之间存在语义交叉重复；二是不能揭示这种主题之间的语义关系。然而 LDA 模型输出的两个文档关键词-主题文档和主题-文本书档，它们分别是主题关于关键词、主题关于文本的概率信息，将知识网络与 LDA 模型结合起来进行考虑，则知识网络可以弥补 LDA 模型不能揭示主题语义关系的缺陷，而 LDA 模型是在对所有的词进行训练的基础上获得的主题，该主题可以作为知识网络中的节点，即采用 LDA 模型先对知识网络中的知识进行一次过滤，相比选择高频关键词来说更科学一些，然后将 LDA 模型输出的两个关于主题的概率文档作为背景知识计算主题知识之间的关联关系，从而构建潜在主题知识网络。因此本书提出采用 LDA 模型作为基础以获取知识网络的点与边，并采用复杂网络划分方法探测专家研究领域。

6.2　学者领域知识的构成分析

学者领域知识的结构反映了学者领域拥有哪些知识以及这些知识之间的关系等。由于知识的模糊性，分析其结构等方面变得很困难。因此，本书提出：

（1）将学者领域知识根据知识之间的关系亲疏，划分成不同的知识集。本书中知识集的主要形式被定义为三种，即词、主题、研究领域。

（2）将学者领域知识集中的每个词进行合并，获得若干个知识域，此知识集群体被称为主题，因为单个知识单元无法准确地表达一个知识主题。

（3）将知识主题合并成更大的知识域群体，这时就得到最大的知识集群体，本书将其称为研究领域，因为一个人的研究领域是由多个主题构成的（图6-1）。

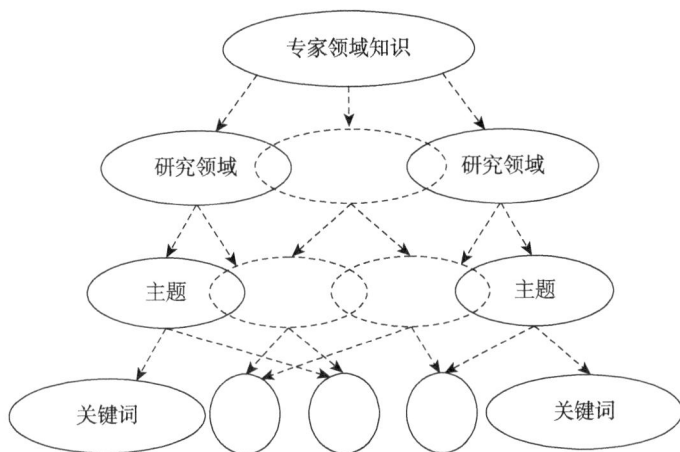

图 6-1　学者个人知识结构层次图

通过该划分方法，可以将学者领域知识体系划分为词、主题、研究领域。词之间存在着很多较强的知识关联关系，知识关联现象很明显，所以需要对其进行合并，使其呈现出一定的知识域，即主题；知识主题之间在一定程度上也存在着一定的关联关系，需要进一步地根据需要对其再次合并，降低知识主题之间关联关系；最后形成的知识集是一个更大的知识域，即学者研究领域。这三类知识实际上都是学者领域知识体系中的一部分，只是表示的知识领域大小不同，因此它们可以看做学者领域知识的构成单位，在本书中统称为知识点。

6.3　学者领域知识网络构建

6.3.1　学者领域知识网络模型

1）知识点之间的关系分析

根据 6.2 节的学者领域知识结构分析可知，学者领域知识体系是由词、主题和研究领域三类大小不同的知识点组成的，大知识点包含小知识点，这些大小不同的知识点组成的集合在本书中被称为学者领域知识点集。

学者领域知识点之间存在着不同类型的知识联系。从知识点的知识领域角度来看，知识点之间的知识联系可能主要有以下三种：

（1）两个知识点之间存在交叉的领域。

（2）两个知识点都属于同一知识域，即知识点之间的语义关联强度关系。

（3）两个知识点之间有着直接或间接的隶属关系，即一个知识点是另外一个知识点的直接或间接的父节点或子节点。

从知识中隐含的内容角度来看，知识点之间的知识联系也有多种形式，如：

（1）两个知识点因与同一个对象、事物、实体等有联系而产生知识联系。

（2）两个知识点因与同一个过程、策略、方法等有联系而产生知识联系。

（3）两个知识点未直接与同一个对象关联，但是它们可能经过两个或多个对象后被联系在一起，即两个知识点之间存在间接的知识联系。

以上知识点之间的知识关联形式在本书中被统一称为知识联系。

2）网络建模的必要性和可行性

从必要性方面来看，根据上文的分析可知，学者领域知识点之间存在的知识联系是错综复杂的，知识点就被这些错综复杂的知识联系连接起来，构成一个复杂的知识结构体系。针对这样复杂类型的知识结构体系，只有采用网络的方式才可以将其较为准确地表示和描述出来。另外，从知识管理方面来看，它不仅关注知识点，而且关注知识点之间的知识关联，因此只有采用网络模型才能更好地满足知识管理的需求。

从可行性方面来看，由于网络可以被用来较为全面地描述很多真实系统，反映系统的结构，因此网络逐渐成为系统科学研究中非常重要的工具。同时，从网络特性来看，网络由两大要素，即点和边组成，而知识点可以是网络中的点，知识联系可以看做网络的边，故这种由知识点与知识联系构成的网络可以客观地反映知识系统结构和构成情况。因此，采用网络模型描述学者领域知识系统中复杂的结构和构成是可行的。

在必要性和可行性的基础上，本书尝试采用网络来描述学者领域知识，期望通过该网络形式较为真实和详细地反映学者领域知识的结构与构成。

3）学者领域知识网络模型

将学者领域知识作为网络节点，将知识点联系作为网络的边，可以构建一个由知识点形成的网络，本书将这样的网络称为广义的学者领域知识网络。

与常见的网络进行对比可知，广义的学者领域知识网络中包含着各种类型的知识联系，其中每一种知识联系都可以反映学者领域知识结构中的某一种特性，所以广义的学者领域知识网络可以用来描述学者领域知识的复杂结构和构成。

将学者知识点作为网络的节点，将知识点之间的同一知识域关系（语义关联强度关系）作为边，建立一个相对简单的知识网络，本书将其称为狭义的学者领域知识网络。

从知识点之间的关系分析可知，知识点之间语义关联强度关系也是一种知识联系，所以狭义的学者领域知识网络是广义的学者领域知识网络的一个特例。

狭义的学者领域知识网络反映出学者领域知识之间的构成以及归属于同一域的情况。广义的学者领域知识网络包含了太多的联系，很复杂，根据认知习惯，人们一般都按照知识领域来描述知识。所以，本书主要以狭义的学者领域知识网络为基础来对学者领域知识进行分析。在下面的所有内容中，如果没有特别标明，所提到的学者领域知识网络都是指狭义的学者领域知识网络。当然，狭义的学者领域知识网络只反映了学者领域知识一个方面的特征，如果需要对学者领域知识进行更深入的研究，则需要在广义的学者领域知识网络基础上进行。

设 $K = \{k_1,\ k_2,\ k_3, \cdots,\ k_n\}$ 表示学者领域知识点集，$E = \left\{ k_i,\ k_{j2} \middle| \omega(k_i,\ k_j) = x \right\}$，$x \in [0,1)$ 表示学者领域知识点之间边的关联，边 (k_i, k_j) 为带权重的无向边，$\omega(k_i,\ k_j) = \text{Simlarity}(k_i,\ k_j)$，即 $\omega(k_i,\ k_j)$ 表示的是知识点 k_i 与知识点 k_j 的相似度，那么学者领域知识网络可以表示为

$$G = (K,\ E) \tag{6-1}$$

4）学者领域知识网络的特点

本书中的学者领域知识网络有两大明显的特征：

（1）无向性，学者领域知识网络为一个无向网络，两个知识点之间存在边则说明知识点之间有关系，反映了学者领域知识点之间的结构情况。

（2）带权重性，两个知识点之间的联系有强弱性，其关系越密切，边的权重就越大，否则就越小。

因此，作为一个无向带权重的学者领域知识网络，与当前研究的网络相比，它还具有以下三个特点：

（1）模糊性，在学者领域知识网络中，节点表示的是学者领域知识，边表示的是学者领域知识点之间的关联强度。由于知识的模糊特点，学者领域知识点到底有多少、知识点之间的语义关联强度怎样都是模糊和不清楚的，因此学者领域知识网络的知识点与知识点之间的语义关系具有模糊特性。

（2）客观性，由于知识存在一定的规律特性，学者领域知识网络在构建的过程中可以不受人的主观性左右，基本实现完全客观。

（3）复杂性，由于知识具有的复杂特性，学者领域知识网络相比其他类型的网络更为复杂。例如，在学者领域知识网络构建过程中，需要考虑如何获取学者领域知识，如何确定知识之间语义关联强度；在采用网络分析时，还得考虑到知识具有的特性以及分析结果具有的实际意义等。

综上所知，学者领域知识网络不仅具有一般网络的特性，而且还有很多相对独特的特点，因此它属于一种特殊的复杂网络。因此，在学者领域知识网络的研究过程中，在借鉴复杂网络的研究方法的同时还得兼顾到其特有的特性去探讨适当与可行的学者领域知识网络建模和分析方法，以满足学者知识管理的需要。

6.3.2　学者领域知识网络构建方法

由式（6-1）可知，学者领域知识网络由两大要素——知识点集 K 与边集 E 组成，因此，学者领域知识网络构建就包括两个重要工作，即学者领域知识点集 K 和边集 E 的获得。

根据上文知识存储形态可知，学者领域知识主要存储在有形的物质载体（文字、图片等）中，因此可通过该载体先获取学者知识点集 K，然后再确定知识点之间的语义关联关系，获取边集 E。这一个过程如图 6-2 所示。

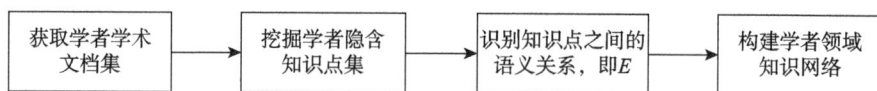

图 6-2　学者领域知识网络建模流程图

1）获取学者学术文档集

学者知识创新成果是学者专长的具体表现形式。而学者的研究成果主要是以论文或专著的形式表现出来的，故需要收集学者学术论文或专著，其中学术论文占绝大部分。

2）挖掘学者隐含知识点集

一般情况下，学者领域知识是隐性的，需要我们通过文本挖掘方法去从学者的研究成果中发现学者领域知识。通过研究发现，采用学者研究成果发现学者领域知识的方法较多，主要有主题提取方法、高频关键词方法、TF-IDF 方法、共词分析方法及主题模型方法。由分析知，前三种方法都是基于单个词的方法，未考虑到词之间的关联关系，而共词分析的方法基于高频词过滤，容易造成信息遗漏。LDA 模型作为主题模型中最受欢迎的方法，在主题挖掘中被广泛地使用，并能取得较好的效果。

LDA 模型的意义是模拟人在写文档时心中所想的主题内容。一篇文档可以是多个主题的组合品，这些主题反映了该文档和文档中包含的特定词汇的意志。在各种注释标签系统的环境中，标签主题在一定程度上反映出系统文档共有的意志，这些标签主题也同时是文档中包含的通用词。LDA 模型是由 Blei 等（2003）提出的，它是一个三层的贝叶斯概率模型，由词、主题和文档组成。LDA 模型假设文档由多个主题混合而成，而每个主题又是所有文档中具有的词的多项式分布。所有的文档共享这些主题，并且每个文档关于这些主题的混合比例是不一样的，具体的主题混合比例是从 Dirichlet 分布中抽样得到的。PLSA 模型和 LDA 模型都是概率生成模型，但是不同的是，LDA 模型是一种完全的生成模型，因为 LDA 模型的主题产生也是潜在的随机变量，而不是训练集得到的主题分布。LDA 模型抽取每个文档中每个主题出现的概率时，使用 Dirichlet 分布通过一个超参数 α 来获得文档主题混合比例参数 θ。

Blei 提出的 LDA 模型只将主题-文档的混合比例参数 θ 用 Dirichlet 分布进行先验假设，而对关键词-主题的混合参数 ϕ 没有采用先验假设的方法，而是使用平均场变分（mean flied variational）推理算法获取概率分布 ϕ。2004 年，Steyvers 和 Giffiths（2004）对 Blei 等提出的 LDA 模型进行了一定的改进，即将关键词-主题概率分布 ϕ 加上了 Dirichlet 先验假设，通过多项式分布和 Dirichlet 分布的共轭性质，使用 Gibbs 算法推理获取概率分布 ϕ，此模型实现过程如图 6-3 所示。

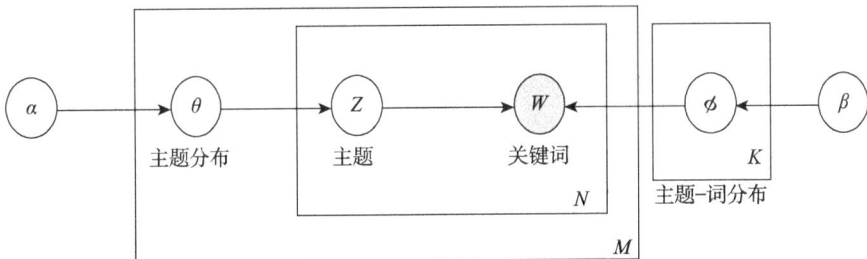

图 6-3　LDA 改进模型

图 6-3 中 N 表示文档的单词总数，M 表示文档的总数，K 表示主题的总数，空心圆圈表示的是隐含变量，而实心圆圈表示的是可见的变量，有向箭头表示的是条件概率之间的依赖关系，方框表示的是循环操作。

LDA 模型模拟文档生成过程如下：

（1）对文档 d，抽样 $\theta_d \sim Dir(\cdot|\alpha)$。

（2）对词 w_i，首先从多项式分布 θ_d 中抽样 z_i：$p(z_i|\alpha)$；然后从多项式分布 ϕ_w 中抽样 w_i：$p(w_i|z_i, \beta_{zw})$。

其中参数 θ 和参数 ϕ 是通过最大似然估计算法 EM 估计获取的。EM 可以从非完整数据集中对参数进行最大似然估计，此算法也由于其简单实用而被广泛地使用。

故本书就采用 LDA 模型来挖掘学者领域知识。主要过程如图 6-4 所示。

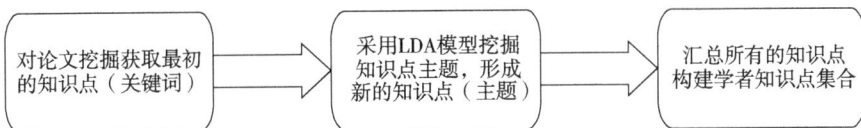

图 6-4　LDA 模型挖掘学者知识点集流程图

（1）关键词获取。

论文中的关键词表达了整篇文章的主题，作者在写一篇论文的时候，都是围绕其研究领域主题来写的，即作者论文主题在一定程度上反映了其研究领域主题，因此论文中的关键词在一定程度上表达了其研究领域主题。

目前，很多研究者都通过提取某一领域的相关论文，并抽取文档中的关键词，通过共词分析、维基百科分析、语料库分析和词典分析等方法建立关键词之间的关联关系，从而反映出关键词隐含的主题。因此可知，关键词在进行主题分析时具有重要的基础作用。

学者论文是学者研究主题的主要体现方式，把学者发表的所有论文集中起来，抽取每一篇论文中的关键词，采用一定的分析方法和技术得到蕴涵其中的主题就能反映学者研究主题，也即学者知识点。因此本书利用文本挖掘等相关技术提取其中的关键词，用文档中的关键词代表此篇文档。

（2）LDA 模型挖掘学者领域知识点。

LDA 模型是一个三层贝叶斯模型结构，这三层分别代表的是词、主题和文档。在本书中词用文本中的关键词来表示，文档是指要研究学者的所有文档，主题是通过 Dirichlet 分布抽样获得的。假设有 m 篇文档，文档集 $D = \{ d_1, d_2, \cdots, d_m \}$，$d_i = \{ k_{i1}, k_{i2}, \cdots, k_{in} \}$，主题有 k 个，$K = \{ k_1, k_2, \cdots, k_k \}$。每一篇文本在 LDA 模型中被看做由 k 个主题混合组成，每篇文本在这 k 个主题中的概率分布不同，每个主题可以用词的概率分布来表示。更具体地来说，LDA 模型中分布 θ 表示的是主题-文本概率分布，ϕ 表示的是关键词-主题概率分布。通过关键词-主题概率分布来给每一个隐含主题 k_i 命名，使其显性化。

本书在构建 LDA 模型时，采用 JGibbLDA（JAVA 版本的 LDA 实现），它在文本内容的潜在的语义分析、聚类分析、协同过滤等研究领域都具有重要的作用。在构建的 LDA 模型中，数据输入格式如表 6-1 所示。

表 6-1　LDA 模型数据输入格式

d_1	k_{11}	k_{12}	$\cdots$	k_{1n_1}
d_2	k_{21}	k_{22}	$\cdots$	k_{2n_2}
$\cdots$	$\cdots$	$\cdots$	$\cdots$	$\cdots$
d_m	k_{m1}	k_{m2}	$\cdots$	k_{mn_s}

表 6-1 中 m 表示文本数量；每一行表示一篇文章；k_{ij} 表示的是第 i 篇文章的第 j 个关键词；$n_1, n_2, \cdots, n_s$ 表示自然数，它们表示的数值可能相等可能不等；关键词之间用空格隔开。

LDA 模型的输出主要有两个文档，分别是 model-final.twords 文档和 model-final.theta 文档，这两个文档包含的含义如下：

（1）model-final.twords 文档是主题-关键词概率分布文档，这个文档是一个模型参数结果，相当于 LDA 模型中参数 ϕ。根据 LDA 模型推断出每一个隐含主

题中最相关的前 n 个关键词以及每一个关键词在此主题中的概率。不同的主题中包含的关键词可能会有重叠，不同主题中重叠的关键词越多，主题就可能越相似。

（2）model-final.theta 文档是主题–文本概率分布文档，是一个文档和主题之间的概率矩阵，相当于 LDA 模型中参数 θ。此矩阵中的每一个数据表示对应的主题在对应文本中的混合比例，比例越大，则此文本具有的主题是该主题的可能性就越大。两个主题同时在一个文本中的概率越大，这两个主题就越接近。

在本书构建的 LDA 模型中隐含主题个数 k 和在 model-final.twords 文档中主题对应的关键词个数 n 都是事先根据实际情况给定的。如果要挖掘学者领域知识，就可以收集学者的所有研究成果文档，利用 LDA 模型挖掘出其中隐含的主题，根据 model-final.twords 文档中各主题对应的关键词给该主题命名，此主题则为学者领域知识点。LDA 模型挖掘的所有主题集就是学者领域知识点集。

3）识别知识点之间的语义关系

采用 LDA 模型获取学者领域知识点集的方法，在建立知识点之间的关联时需要根据获取的知识点之间的语义关联关系获取边集 E，由此建立学者领域知识网络。具体的知识点之间语义关联获取方法如下。

LDA 模型输出关键词–主题概率分布与主题–文本概率矩阵，虽然 LDA 模型在主题挖掘的时候假定的前提是潜在主题是相互独立的，但是实践证明，由于 LDA 模型在主题挖掘的过程中不能自动地获取主题数目，而需要人为指定其数目。当指定数目过少时会出现主题挖掘遗漏过多，当指定数目较多时就会存在语义重叠的主题。

为了解决人为指定数目过多导致主题语义重叠的问题，王萍（2011）提出，如果 LDA 模型挖掘的潜在主题同时出现在一篇文本中，那么可以从共现的角度来说明这两个共现的潜在主题存在某种联系，并使用潜在主题之间的这种共现关系进行聚类，通过聚类发现有些潜在主题之间仍然存在较强的联系。宋志理（2010）在关键词–主题之间的概率矩阵的基础上，采用向量余弦值来度量潜在主题之间的相关性。从王萍和宋志理的研究中我们可以发现，影响潜在主题关联关系的因素有两个方面，即主题在文档中共现关系和主题中共有关键词关系。

因此对于 LDA 挖掘出的主题，我们可以通过两个方面去考虑主题之间的关联关系：一个是从主题–文档分布中得出的主题之间的语义关系，这是从共词分析角度得到的原理，当两个主题同时出现在同一个文档中时，两个主题具有一定的语义关系，当两个主题多次出现在相同文档中时，这两个主题的语义关系更强；另一个是从主题–词分布中得到的主题之间的语义关系，这是一种认知的语义关系，当两个主题向量中具有相同的词时，说明这两个主题之间存在一定的语义关系，相同的关键词越多，语义关系越强。

另外由 LDA 模型的输出来看，其输出有两个重要文档，一个是关键词–主题概率文档，一个是主题-文档概率文档，其中关键词-主题文档刻画了潜在主题自身在文档中的分布情况，即通过文档中的词训练情况确定文档集中蕴涵的潜在主题及词属于某主题的概率，而主题-文档体现了文档中蕴涵的潜在主题分布强弱，即根据确定的潜在主题来获取的文档具有潜在主题的概率分布，由此可知，潜在主题、关键词、文档三者的关系，可以用图 6-5 表示，词决定潜在主题内涵（因为潜在主题在 LDA 模型中是一个 TopicNumber），潜在主题描述文档，而文档又可以用词来表示。显然，潜在主题其实是词和文档共同影响的结果，文档对潜在主题的影响是间接的，词对潜在主题的影响是直接的。

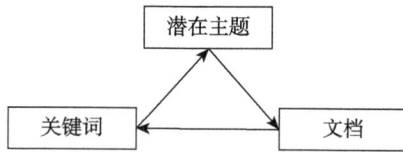

图 6-5　关键词-潜在主题-文档三者之间的关系图

本书将 LDA 挖掘出的每个学者领域知识点分别命名为 t_1, t_2, $\cdots$, t_n，设 t_i 和 t_j 在文档中共现相似度为 $s_{d_{ij}}$，潜在主题共有相同关键词相似度为 $s_{k_{ij}}$，其中 $s_{d_{ij}}$ 是通过主题-文档概率矩阵计算得到的余弦值，由于通过 LDA 模型获取的主题-文档矩阵是一个概率矩阵，其中的数值表示的是某一个主题属于对应文档的概率，当两个主题属于一个相同文档的概率很大时，这两个主题相似度就很大，而一个主题可用文档的概率向量来表示，所以可以通过两个主题关于文档的概率向量的余弦值来表示两个主题之间的相似度。由 LDA 模型输出的主题-文本概率格式，如表 6-2 所示。

表 6-2　LDA 模型输出的主题-文本概率矩阵

文档	主题		
	t_1	$\cdots$	t_n
d_1	x_{11}	$\cdots$	x_{1n}
$\cdots$	$\cdots$	$\cdots$	$\cdots$
d_m	x_{m1}	$\cdots$	x_{mn}

表 6-2 中 d_i 表示的是文档，t_i 表示的是主题，m 表示文档数目，n 表示的是潜在主题数目，那么：

$$s_{d_{ij}} = \frac{\sum_{k=1}^{m} x_{k_i} x_{k_j}}{\sqrt{\sum_{k=1}^{m} x_{k_i}^2} \sqrt{\sum_{k=1}^{m} x_{k_j}^2}} \tag{6-2}$$

而 $s_{k_{ij}}$ 是根据关键词-主题概率矩阵计算获得主题关于关键词的相似度余弦值，由于通过 LDA 模型获取的关键词-主题矩阵是一个概率矩阵，其中的数值表示的是某一个关键词属于对应主题的概率，当两个主题具有相同的关键词的概率很大时，这两个主题相似度就很大，而一个主题可用关键词的概率向量来表示，所以可以通过两个主题关于关键词的概率向量的余弦值来表示两个主题之间的相似度。LDA 模型输出的关键词-主题文档格式，如表 6-3 所示。

表 6-3　LDA 模型输出的关键词-主题文档

Topic1		...		Topic n	
Term	Weight	Term	Weight	Term	Weight
k_{11}	$w_{k_{11}}$	...	...	k_{n1}	$w_{k_{n1}}$
...	...	...	...	...	...
k_{1s}	$w_{k_{1s}}$	...	...	k_{ns}	$w_{k_{ns}}$

表 6-3 中 k_{ij} 表示的是关键词；$w_{k_{ij}}$ 表示的是关键词 k_{ij} 是主题 i 的概率；s 表示关键词数目，每个潜在主题所取的数目是一样的，且该值是事先约定好的。将以上文本格式通过自编的 JAVA 程序转化成关键词-主题概率矩阵，如表 6-4 所示。

表 6-4　LDA 模型输出经转化的关键词-主题概率矩阵

关键词	主题		
	t_1	...	t_n
k_1	y_{11}	...	y_{1n}
...	...	...	...
k_p	y_{p1}	...	y_{pn}

表 6-4 中 k_i 表示的是关键词，p 表示的是采用 JAVA 技术将 LDA 模型获取的关键词-主题文本的关键词进行去重处理后的关键词个数。则：

$$s_{d_{ij}} = \frac{\sum_{k=1}^{p} y_{k_i} \times y_{k_j}}{\sqrt{\sum_{k=1}^{p} y_{k_i}^2} \times \sqrt{\sum_{k=1}^{p} y_{k_j}^2}} \qquad (6\text{-}3)$$

那么 t_i 和 t_j 的相似度可以表示为

$$\text{Similarity}(t_i,\ t_j) = w_d \times s_{d_{ij}} + w_k \times s_{k_{ij}} \qquad (6\text{-}4)$$

其中，w_d 和 w_k 分别是潜在主题 t_i 和 t_j 的文档与关键词相似度的权重，且 $w_d + w_k = 1$。

4）构建学者领域知识网络

学者领域知识网络可表示为 $G=(V, E)$。其中 V 代表学者知识创新成果（学术文档集）中隐含的主题，即 $V=\{$ Topic 1，Topic 2，$\cdots$，Topic $n\}$。E 代表主题之间的联系，即上一步中测量出来的任何两个主题间的相似度。学者领域知识网络是一个无向有权重的网络。

6.4　学者领域知识结构探测

在构建学者领域知识网络后，还需要对网络进行进一步的研究。因为网络知识节点之间是有关联的，有的知识节点之间的关联比较稀疏，有的知识节点之间关联比较紧密，体现出一些社区结构，这些社区结构在本质上其实是学者研究领域。由学者领域知识形成的网络是一种科研知识网络，是复杂网络的一种形式，其具有复杂网络聚集特性，而网络社区中体现出来的局部聚集特性，需要采取一定的信息技术才能获取。针对本书建立的学者领域知识网络是无向有权重的网络特点考虑，采用复杂网络中的 WGN 算法对学者领域知识网络进行划分。

WGN 算法是 Newman（2004b）在 GN 算法的基础上提出来的，该算法和GN 算法的不同之处在于 WGN 是针对有权重网络进行的网络划分方法，其重要思想和 GN 算法基本一样，也是通过逐步地移除网络中边介数最大的边，但边介数计算发生变化，有权重网络的 WGN 算法是用无权重网络边介数除以对应边的权重，就是有权重网络对应边的边介数。

WGN 算法与 GN 算法的实施步骤除了边介数算法有区别外，基本一样，其具有的问题仍然是在网络划分数目不确定的情况下单独地使用 WGN 算法无法准确判断该算法是否在合适的位置终止循环。因此根据需要，Newman 和 Girvan（2004）又根据有权重网络的特征，引入了有权重模块度的算法，如下：

$$Q_w = \sum_{s=1}^{N} \left[\frac{w_s}{M_w} - \left(\frac{e_s}{2M_w} \right)^2 \right] \tag{6-5}$$

其中，Q_w 表示的是有权重网络的模块度值；N 表示网络划分数目；w_s 表示的是网络社区 s 中所有边的权重之和；M_w 表示的是整个网络的边的权重之和；e_s 表示的是网络社区 s 内节点与社区外节点连接的边的权重之和。

采用 WGN 算法和加权网络模块度对加权网络进行划分的具体步骤如下：

第一步，计算无权网络中所有边的边介数；

第二步，用无权网络的边介数除以对应边的权重，得到加权网络的边介数；

第三步，找到边介数最大的边，将其从网络中移除；

第四步，计算网络的加权网络模块度；

第五步，重复第二至第四步直至模块度 Q_w 取得最大值。

在构建学者领域知识网络的基础上，采用 WGN 算法对学者领域知识网络进行挖掘研究，进一步对学者领域知识点进行聚类，发现学者领域知识之间隐含的语义关系，将关系紧密的主题划分成一个社团，社团内的主题紧密，社团之间主题稀疏，从而把学者领域知识结构更加清晰地表达出来。

6.5　实　　验

在论述了如何构建学者领域知识网络模型和相关重要理论之后，本书将以高校学者为例来建立高校学者领域知识网络模型，检验模型的可行性，并在构建的学者领域知识网络模型基础之上去挖掘学者领域知识，检验模型的可用性。

6.5.1　数据选取与处理

1. 数据选取

在 6.3 节内容描述中可知，学者领域知识主要通过论文、专利和专著等文档形式体现出来。而中国知网作为世界上最大的连续动态更新的中国学术文献数据库，较为全面地收集了中国学者的研究成果。故本章的数据都来源于中国知网。本章选取武汉大学信息管理学院和测绘学院各 10 位学者作为研究对象，他们分别是陈传夫、肖希明、胡昌平、马费成、朱玉媛、周耀林、方卿、徐丽芳、邱均平、张李义、邹进贵、李建成、李征航、宁津生、许才军、姚宜斌、张正禄、罗志才、郭际明、张小红。再分别从中国知网中收集这 20 位学者在 2013 年 3 月 1 日之前的文本信息，得到这 20 位学者的期刊论文共 2 067 篇，平均每位学者有 103 篇论文。每个学者实际拥有的论文数量如表 6-5 所示。

表 6-5　学者论文数量列表（单位：篇）

学院名称	学者姓名	论文数量	学院名称	学者姓名	论文数量
信息管理学院	陈传夫	115	测绘学院	邹进贵	68
	肖希明	118		李建成	115
	胡昌平	132		李征航	84
	马费成	131		宁津生	74
	朱玉媛	51		许才军	93
	周耀林	46		姚宜斌	66
	方卿	83		张正禄	90
	徐丽芳	58		罗志才	73
	邱均平	440		郭际明	99
	张李义	43		张小红	88

2. 数据处理

在中国知网中获取的学者论文其文本格式是带有作者姓名、论文出处、论文题目、关键词及摘要等信息的，而根据 6.3 节描述可知，论文中表达学者知识的主要载体是关键词，故只需要提取每位学者的所有论文的关键词信息，笔者在此采用 Excel 作为提取学者论文关键词的工具。由于学者知识的提取是在 LDA 模型上进行的，而 LDA 模型的输入格式见表 6-1，所以在提取关键词后，将每个学者拥有的关键词都转化成 LDA 模型需要的格式。本书以武汉大学测绘学院李建成教授论文处理结果为例，经 Excel 工具处理后获得的 LDA 模型输入文本格式截取部分展现如表 6-6 所示，第一行数字表示的是李建成教授的论文数目，每一行表示的是每一篇论文中的关键词。

表 6-6　李建成教授数据预处理结果

115				
DOC1	GRACE	非差	运动学	精密定轨
DOC2	应急测绘	现代测绘基准	遥感对地观测网络	公共地理信息应急平台
DOC3	卫星测高	大地测量学	地球重力场	
…	…	…	…	…
DOC113	GPS[1]	重力	大地水准面	卫星测高
DOC114	GPS	大地水准面	高程	
DOC115	卫星测高	平均海面	交叉点平差	海面高

1）GPS，global positioning system，即全球定位系统

6.5.2　实验结果

由于学者知识是 LDA 模型提取的隐含主题，而在 LDA 模型中隐含主题需要人为确定，考虑到各学者的研究主题在 2~6 个，为了使 LDA 模型在迭代过程中尽可能地将学者的所有主题都考虑进来，故本书将 LDA 主题数设置为 15 个，主题对应的关键词取概率排在前 5 的。学者论文在经 Excel 工具处理后，将获得的各学者的符合 LDA 模型输入的数据输入 LDA 模型中，运行 LDA 模型获得关键词在主题中的概率分布文档和主题-文本概率矩阵文档，以李建成教授为例来看关键词-主题与主题-文本两个概率文本，如表 6-7 和表 6-8 所示。其中 Topic 0 到 Topic 14 代表挖掘出来的 15 个隐含主题，关键词后面的数值表示的是关键词属于所在主题的概率。

表 6-7　李建成教授关键词-主题概率矩阵

主题	核心关键词	概率	主题	核心关键词	概率
Topic 0	大地水准面	0.096 2	Topic 6	GRACE	0.057 1
	精化	0.028 5		非差	0.043 2
	精密定轨	0.014 9		重力场	0.043 2
	压缩恢复	0.014 9		压缩恢复	0.015 3
	外部重力场	0.014 9		虚拟压缩	0.015 3
Topic 1	卫星测高	0.204 6	Topic 7	卫星重力梯度	0.054 8
	重力场模型	0.028 5		海底地形	0.041 4
	地球物理改正	0.028 5		重力异常	0.041 4
	极空白	0.028 5		大地水准面	0.028 1
	交叉点	0.028 5		GPS	0.028 1
Topic 2	卫星重力	0.037 0	Topic 8	GRACE	0.092 7
	引力位	0.019 4		重力异常	0.062 3
	反演	0.019 4		向下延拓	0.031 9
	育人	0.019 4		虚拟压缩恢复	0.031 9
	质量迁移	0.019 4		GLAS[2]	0.031 9
Topic 3	运动学	0.063 3	Topic 9	海面高	0.047 1
	精密定轨	0.032 4		GRACE	0.031 9
	地球重力场模型	0.032 4		水位变化	0.031 9
	向下延拓	0.017 0		大地测量学	0.016 7
	同震地表形变	0.017 0		月球形状中心	0.016 7
Topic 4	能量法	0.031 9	Topic 10	平均海面高	0.034 0
	最小二乘法	0.031 9		交叉点平差	0.034 0
	月球形状研究	0.016 7		最小二乘配置	0.034 0
	月球地貌测绘	0.016 7		垂线偏差	0.034 0
	精密单点定位[1]	0.016 7		恒星日滤波	0.017 8
Topic 5	卫星测高	0.161 8	Topic 11	卫星测高	0.101 7
	海平面变化	0.081 6		动力法	0.030 1
	验潮站	0.041 4		加速度计校准	0.030 1
	月壳厚度	0.028 1		精密定轨	0.015 8
	GOCE	0.028 1		应急测绘	0.015 8

续表

主题	核心关键词	概率	主题	核心关键词	概率
Topic 12	卫星重力	0.045 7	Topic 14	地球重力场	0.079 9
	厄尔尼诺	0.045 7		卫星测高	0.032 9
	ENVISAT	0.031 0		地震	0.032 9
	卫星测高	0.016 2		大地测量学	0.017 2
	动力法	0.016 2		高低卫-卫跟踪	0.017 2
Topic 13	现代测绘基准	0.020 8			
	遥感对地观测网络	0.020 8			
	虚拟球	0.020 8			
	月球质量中心	0.020 8			
	研究	0.020 8			

1）精密单点定位（precise point positioning，PPP）

2）GLAS，geoscience laser altimeter system，即地球科学激光测高实验

表 6-8 李建成教授主题-文本概率矩阵

主题	DOC 1	DOC 2	DOC 3	DOC 4	…	DOC 115
Topic 0	0.130 4	0.043 5	0.047 6	0.142 9	…	0.043 5
Topic 1	0.043 5	0.043 5	0.238 1	0.028 6	…	0.043 5
Topic 2	0.043 5	0.043 5	0.047 6	0.085 7	…	0.043 5
Topic 3	0.130 4	0.043 5	0.047 6	0.028 6	…	0.043 5
Topic 4	0.043 5	0.043 5	0.047 6	0.028 6	…	0.043 5
Topic 5	0.043 5	0.130 4	0.047 6	0.028 6	…	0.130 4
Topic 6	0.130 4	0.043 5	0.047 6	0.200 0	…	0.043 5
Topic 7	0.043 5	0.043 5	0.047 6	0.028 6	…	0.043 5
Topic 8	0.130 4	0.043 5	0.047 6	0.142 9	…	0.043 5
Topic 9	0.043 5	0.043 5	0.047 6	0.028 6	…	0.130 4
Topic 10	0.043 5	0.043 5	0.047 6	0.028 6	…	0.043 5
Topic 11	0.043 5	0.130 4	0.047 6	0.085 7	…	0.043 5
Topic 12	0.043 5	0.043 5	0.047 6	0.028 6	…	0.043 5
Topic 13	0.043 5	0.217 4	0.047 6	0.085 7	…	0.217 4
Topic 14	0.043 5	0.043 5	0.142 9	0.028 6	…	0.043 5

由于关键词-主题文本还不是一个矩阵的形式，不方便后续的算法实现，故本书采用 JAVA 语言程序，将李建成教授的关键词-主题文本转化成关键词-主题的概率矩阵，即将关键词-主题文本中的所有关键词统计出来作为关键词-主题概率矩阵的列标题，行标题仍然采用主题，故得到如表 6-9 所示的关键词-主题概率矩阵。

表 6-9　李建成教授关键词-主题概率矩阵

主题	Key 1	Key 2	Key 3	Key 4	⋯	Key 60
Topic 0	0.096 2	0.028 5	0.014 9	0.014 9	⋯	0
Topic 1	0	0	0	0	⋯	0
Topic 2	0	0	0	0	⋯	0
Topic 3	0	0	0.032 4	0	⋯	0
Topic 4	0	0	0	0	⋯	0
Topic 5	0	0	0	0	⋯	0
Topic 6	0	0	0	0.015 3	⋯	0
Topic 7	0.028 1	0	0	0	⋯	0
Topic 8	0	0	0	0	⋯	0
Topic 9	0	0	0	0	⋯	0
Topic 10	0	0	0	0	⋯	0
Topic 11	0	0	0.015 8	0	⋯	0
Topic 12	0	0	0	0	⋯	0
Topic 13	0	0	0	0	⋯	0
Topic 14	0	0	0	0	⋯	0.017 2

我们将文本 LDA 模型挖掘出的 15 个隐含主题作为学者知识网络的节点，在学者知识网络中我们将这 15 个节点分别叫做 t0、t1、t2、t3、t4、t5、t6、t7、t8、t9、t10、t11、t12、t13、t14，剩下的问题就是如何创建学者知识网络中的边。根据 6.3 节学者知识网络模型构建可知，学者知识网络中的边就是对关键词-主题概率矩阵的主题余弦相似度矩阵和主题-文本关键词概率矩阵的主题余弦相似度矩阵进行线性组合，通过构建 20 位学者知识网络，对 w_d、w_k 反复取值实验证明，当 w_d=0.1 和 w_k=0.9 时学者知识网络模型构建效果最好，本书也将在 6.6 节中给出详细说明。经线性组合后的李建成教授的知识网络矩阵如表 6-10 所示，同时采用 UCINET NETDRAW 软件画出李建成教授知识网络图，如图 6-6 所示。

表 6-10　李建成教授主题-主题线性组合矩阵

主题	Topic 0	Topic 1	Topic 2	Topic 3	Topic 4	⋯	Topic 14
Topic 0	1.000 0	0.057 7	0.057 5	0.111 2	0.063 4	⋯	0.063 8
Topic 1	0.057 7	1.000 0	0.062 2	0.065 1	0.057 5	⋯	0.359 6
Topic 2	0.057 5	0.062 2	1.000 0	0.062 2	0.062 5	⋯	0.066 1
Topic 3	0.111 2	0.065 1	0.062 2	1.000 0	0.066 4	⋯	0.059 6
Topic 4	0.063 4	0.057 5	0.062 5	0.066 4	1.000 0	⋯	0.062 5
Topic 5	0.054 0	0.795 6	0.055 8	0.056 7	0.060 4	⋯	0.323 2
Topic 6	0.083 1	0.052 6	0.063 6	0.063 7	0.059 9	⋯	0.061 3
Topic 7	0.320 2	0.052 7	0.056 7	0.054 9	0.054 9	⋯	0.067 7
Topic 8	0.058 0	0.062 0	0.064 8	0.112 5	0.062 4	⋯	0.062 3
Topic 9	0.056 9	0.062 6	0.060 4	0.064 4	0.059 2	⋯	0.108 0
Topic 10	0.056 2	0.062 1	0.061 7	0.060 3	0.061 0	⋯	0.063 8
Topic 11	0.076 6	0.839 7	0.066 1	0.111 2	0.059 7	⋯	0.341 2
Topic 12	0.056 1	0.244 5	0.436 8	0.061 3	0.057 8	⋯	0.126 5
Topic 13	0.056 7	0.058 0	0.062 3	0.065 9	0.060 9	⋯	0.066 6
Topic 14	0.063 8	0.359 6	0.066 1	0.059 6	0.062 5	⋯	1.000 0

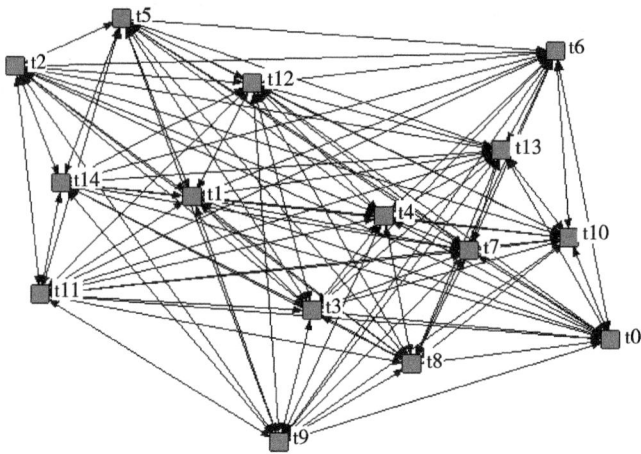

图 6-6　李建成教授知识网络

　　学者知识网络是一种特殊的复杂网络，因此在建立 20 位学者知识网络基础之上，本章以复杂网络的相关划分方法，对学者知识网络进行划分。采用复杂网络一般都是对人-人之间的社会网络进行划分，以获得具有某种相同兴趣爱好的小团体。而本章的网络是知识-知识的网络，故在用复杂网络方法进行划分时获得的小团体是表达相同主题的知识团体。

　　因为本章中的学者知识网络是带权重的网络，故在使用复杂网络划分方法时，采用 WGN 算法结合带权重的模块度算法实现学者知识网络的划分，以获取学者研究领域。采用这种复杂网络划分的方法有两个方面的作用：

　　（1）降低 LDA 模型中提取学者主题的交叉重复现象；如利用 LDA 模型挖掘出的李建成教授的第 6 个主题和第 12 个主题很明显是关于一个主题的，都是关于卫星测高的。

　　（2）提高 LDA 模型挖掘主题的准确度，如利用 LDA 模型挖掘出的李建成教授的第 5 个主题"能量法，最小二乘法，月球形状研究，月球地貌测绘，精密单点定位"这一主题的关键词实际上属于大地测量中的一些词汇，如果单独对它进行主题命名，有些难度，甚至可能会将其看成一个噪声主题，其实不然，在经过复杂网络划分后，它能被划分到物理大地测量一类中，这个主题的作用就凸显出来，它是支持大地测量学的重要理论依据。

　　本章仍然采用 JAVA 语言实现 WGN 算法和带权重模块度算法，对 20 位学者知识网络进行划分，以李建成教授知识网络划分为例，将李建成教授的 15 个主题最终划分成两个小团体，其结果输出如表 6-11 所示。

表 6-11　李建成教授知识网络划分结果

2：0.517								
community 0（0.253）：	0	3	4	6	7	8	9	10	13
community 1（0.264）：	1	2	5	11	12	14			

表 6-11 中第一行冒号之前的数字表示的是划分的团体数目，冒号之后的数值表示的是模块度，剩下的每一行括号之前的表示的是团体名称，括号内的数据表示小团体内的数据，冒号之后的是小团体中包含的节点名。由输出的模块度可知，李建成教授的模块度为 0.517，大于 0.3，小于 0.7，在合理的模块度范围内，从而说明该网络划分是合理的。

将李建成教授划分的两个社区中的主题对应的关键词归为一类，最后通过这些关键词来对社区进行命名，李建成教授两个社区中的关键词从表 6-12 可知，社区 1 中的关键词大部分是关于大地测量学中的一些词汇，故社区 1 的主题命名为大地测量学；社区 2 中的关键词主要都是关于卫星测高的词汇，所以在此将社区 2 的主题命名为卫星测高。由此可知，李建成教授有两个主要的研究方向，即大地测量学和卫星测高。采用同样的方法获得剩余 19 位学者的主题（表 6-13），在主题命名的时候有时要剔除一些主题中含有的关键词——一些与主题无关的词汇的主题，如胡昌平教授在社区划分后，主题 t2 被单独地划分为一个社区，而主题 t2 中包含的关键词有"学位课程、平台建设、认知心理、整合、志愿者"，这 5 个关键词都是与主题名无关的词汇，故主题 t2 虽然被单独地归为一类主题，但由于其不具有主题词汇，因此需要被剔除。

表 6-12　李建成教授社区关键词

社区名	关键词
大地测量学	t0：大地水准面、精化、精密定轨、压缩恢复、外部重力场 t3：运动学、精密定轨、地球重力场模型、向下延拓、固需地表形变 t4：能量法、最小二乘法、月球形状研究、月球地貌测绘、精密单点定位 t6：GRACE、非差、重力场、压缩恢复、虚拟压缩 t7：卫星重力梯度、海底地形、重力异常、大地水准面、GPS t8：GRACE、重力异常、向下延拓、虚拟压缩恢复、GLAS t9：海面高、GRACE、水位变化、大地测量学、月球形状中心 t10：平均海面高、交叉点平差、最小二乘配置、垂线偏差、恒星日滤波 t13：现代测绘基准、遥感对地观测网络、虚拟球、月球质量中心、研究
卫星测高	t1：卫星测高、重力场模型、地球物理改正、极空白、交叉点 t2：卫星重力、引力位、反演、育人、质量迁移 t5：卫星测高、海平面变化、验潮站、月壳厚度、GOCE t11：卫星测高、动力法、加速度计校准、精密定轨、应急测绘 t12：卫星重力、厄尔尼诺、ENVISAT、卫星测高、动力法 t14：地球重力场、卫星测高、地震、大地测量学、高低卫-卫跟踪

表 6-13   20 位学者主题挖掘结果

学者姓名	挖掘的学者研究领域
陈传夫	增值利用、信息获取、图书馆研究、公共获取、数字图书馆、知识产权
肖希明	图书馆政策、开放存取、信息资源共享研究、文献资源建设、数字资源整合
胡昌平	知识创新与信息资源建设、信息管理与信息系统、信息服务
马费成	情报学基础理论、知识地图、信息资源管理、知识网络、信息经济学
朱玉媛	档案学基础理论、档案管理
周耀林	档案学概论和档案信息化、非物质文化遗产研究
方卿	出版盈利模式研究、数字出版、信息交流
徐丽芳	数字出版、开放获取、网络出版、期刊出版、出版研究
邱均平	文献计量学、信息计量学、知识管理、科学评价、网络信息计量
张李义	电子商务、信息检索、信息服务、信息资源配置、信息系统、用户体验、信息技术
邹进贵	全球卫星导航信息系统、测绘工程、变形监测与分析
李建成	大地测量学、卫星测高
李征航	GPS 测量与数据处理、卫星自主定轨、GPS 现代化应用
宁津生	大地测量与地理信息服务、卫星测高、数字化测绘、重力异常
许才军	GPS、地壳运动、大地测量学
姚宜斌	测量数据处理理论与方法、地壳运动图像研究、GPS 精度分析
张正禄	工程信息系统可靠性研究、工程测量系统、精密工程测量、变形监测
罗志才	地球重力场、物理大地测量、GPS、航空重力测量、极潮、重力变化研究
郭际明	数据处理与精度分析、精密单点定位、大地测量学
张小红	精度分析、精密动态单点定位、机载激光扫描测高、北斗卫星导航系统、电离层

6.6   实验评价

6.6.1   *F*-measure 评价

为了评价本章实验方法挖掘各学者主题结果的可行性和准确性，参照学者主页中公布的领域研究方向（表 6-14），结合 *F*-measure 方法（Rosell et al.，2004）对表 6-13 中挖掘出的 20 位学者主题结果进行评价。*F*-measure 方法是一个通过召回率（recall rate）和精度（precision）来衡量结果性能的指标。通常情况下我们希望召回率和精度都越高越好，但是实践证明，当召回率越高时，精度就会越低；当召回率越低时，精度就会越高，它们之间存在一定的矛盾，故 Rosell 等就采用 *F*-measure 方法来将这两个指标进行综合考虑，其计算公式是

$$F = \frac{2 \times R \times P}{R + P} \qquad (6\text{-}6)$$

其中，R 是指召回率；P 是指精度；F 值越高说明结果性能越好。召回率和精度的定义如下。

表 6-14　20 位学者主页中的主题列表

学者姓名	学者主页中描述研究领域
陈传夫	图书馆发展研究、信息资源知识产权、信息资源增值利用
肖希明	信息资源建设、图书馆学基础理论
胡昌平	信息资源管理理论、数字化信息资源管理与服务
马费成	情报学理论与方法、信息经济与信息资源管理、信息资源规划与信息系统
朱玉媛	档案学基础理论、档案信息资源管理与服务
周耀林	档案学原理与方法、数字档案与现代技术
方卿	出版营销管理、数字出版
徐丽芳	数字出版、期刊出版
邱均平	信息管理与科学评价、知识管理与竞争情报、网络信息资源管理、网络计量学研究
张李义	智能信息系统、电子采购理论与技术、电子商务理论与技术、数据挖掘与方法
邹进贵	精密工程测量、变形监测、城市基础地理信息系统
李建成	物理大地测量学、卫星大地测量学、卫星测高
李征航	GPS 测量及应用、卫星自主定轨
宁津生	大地测量学与测量工程、地球重力场、物理大地测量学
许才军	空间大地测量学、地球物理大地测量学、地球动力学
姚宜斌	测量数据处理理论、高精度 GPS 数据处理与分析、地壳形变与地球动力学解释
张正禄	精密工程测量、变形监测分析与预报、工程测量信息系统
罗志才	物理大地测量学、卫星重力学、地球潮汐与自转
郭际明	卫星定位技术与应用、大地控制网与参考框架、精密工程测量
张小红	GNSS（global navigation satellite system，即全球导航卫星系统）定位技术及其应用、精密单点定位、GNSS/INS（inertial navigation system，即惯性导航系统）组合导航、机载激光扫描（light detection and ranging，LIDAR）

对一个学者主题进行挖掘的时候，可以将挖掘的主题划分成三组：①挖掘出与学者主题相关的主题（A 个）；②挖掘出与学者主题不相关的主题（B 个）；③没有挖掘出的学者主题（C 个）。

那么召回率 $R=A/(A+C)$；精度 $P=A/(A+B)$。

　　而本章要研究的是 20 位学者研究领域挖掘的性能，故如果运用 F-measure 方法则需要以均值为计算结果来衡量实验的可行性和有效性。即召回率为

$$\overline{R} = \frac{\sum_{i=1}^{20} \dfrac{A_i}{B_i + C_i}}{20} \qquad (6\text{-}7)$$

精度为

$$\overline{P} = \frac{\sum_{i=1}^{20} \dfrac{A_i}{A_i + B_i}}{20} \qquad (6\text{-}8)$$

F-measure 值就为

$$\overline{F} = \frac{2 \times \overline{R} \times \overline{P}}{\overline{R} + \overline{P}} \qquad (6\text{-}9)$$

　　根据式（6-7）～式（6-9）将表 6-13 和表 6-14 结果进行比较可得到，本章实验的召回率为 89.65%，精度为 73.35%，F-measure 值为 80.69%，F-measure 数值较大，说明结果性能较好。由于学者主页中描述的主题由于其长时间不更新，存在一些主题信息不全面的问题，这就导致本章实验挖掘中的一些研究领域可能与学者主页中的研究领域不对应，但是确实又是学者研究领域，如马费成教授的"知识地图""知识网络"，罗志才教授的"GPS"，宁津生教授的"卫星测高"等，实际上的召回率和精度都会更大一些。另外，在计算召回率时，由于学者主页中描述的学者研究领域一般都是大概念，而本章实验挖掘出的主题可能是小概念研究领域，但是这个小概念研究领域是属于大概念研究领域的，这样的情况下，我们仍然会认为已挖掘出该学者的相应研究领域。例如，本章实验挖掘出罗志才教授的主题有"极潮"，这个研究领域看似与罗志才教授主页中的主题"地球潮汐与自转"无关，实际上是有关联的，因为"极潮"是指由地球表面的极点运动而引起的海洋水面升降现象。

　　除此之外，我们还从收集到的这 20 位学者发表的文章数目上进行分析，除了邱均平教授有 440 篇文章外，其他 19 位教授的文章数目相差并不大。从实验结果来看，邱均平教授的 F-measure 值为 66.67%，在平均水平之下，从这个 F-measure 的数值来看，文章数目越多，挖掘效果越不好。但是考虑到有的教授主页不经常更新的情况，经与邱均平教授的学生进行探讨得知，邱均平教授是信息计量学、文献计量学方面的权威，而在邱均平教授主页的研究方向上并未列举出，这也是导致邱均平教授的 F-measure 值较低的直接原因。从此分析中可知，本章方法还能够对学者主页研究方向进行补充和更新。因此文章数目的多少并不能直接影响挖掘效果，但文章数目太少，本章方法的效果是较差的，经实验证明一般文章数目要在 40 篇以上。

6.6.2 参数影响分析

本章在实验过程将（w_d，w_k）这一对系数组合取值为（0.1，0.9），在这一节中将采用对比方法解释选择（0.1，0.9）的原因。在实验过程中，本章还选择（0，1）、（0.2，0.8）、（0.5，0.5）、（1，0）这四对数据组。本节将从两个方面对这四组数据实验结果进行对比：一方面是 F-measure 值的对比；另一方面是从实际网络划分的社区对比。

采用与（0.1，0.9）相同的方法来计算（0，1）、（0.2，0.8）、（0.5，0.5）、（1，0）的 F-measure 值，分别计算得到 $F_{(0,1)}$=72.12%，$F_{(0.2,0.8)}$=53.35%，$F_{(0.5,0.5)}$=25.43%，$F_{(1,0)}$=6.14%。将 F-measure 值用曲线的曲折程度来更加直观地看这四组 F-measure 值的变化以及网络划分效果的稳定性，由图 6-7 可知，当（w_d，w_k）取值为（0.1，0.9）时，F-measure 值最大，即网络划分效果最稳定。图 6-7 又可以反映出 6.3 节相关理论中词–潜在主题–文档三者之间的关系，词对潜在主题起到直接影响作用，而文档对潜在主题的影响是间接作用，所以在建立潜在主题的语义关系时，词的影响权重会比文档的大，但文档对潜在主题的影响也是有的。

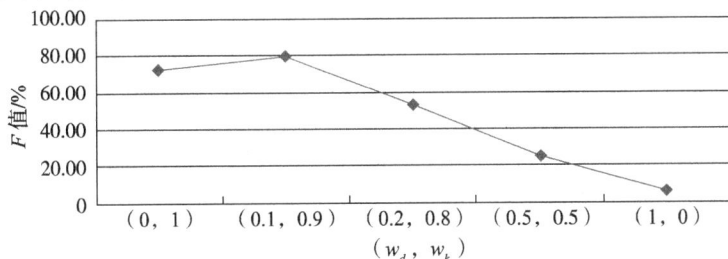

图 6-7　F-measure 结果图

以李建成教授为例，（w_d，w_k）取值为（0，1）、（0.1，0.9）、（0.2，0.8）、（0.5，0.5）、（1，0），分别构建李建成教授的五个网络，并对这五个网络进行划分得到结果，如表 6-15 所示。

表 6-15　不同参数对网络划分结果

（w_d，w_k）	网络划分
（0，1）	8：0.402 community 0：3 community 1：4 community 2：6　8　9 community 3：0　7 community 4：10 community 5：13 community 6：1　5　11　14 community 7：2　12

续表

(w_d, w_k)	网络划分
(0.1，0.9)	2：0.517 community 0：0　3　4　6　7　8　9　10　13 community 1：1　2　5　11　12　14
(0.2，0.8)	2：0.094 community 0：1　5　11 community 1：0　2　3　4　6　7　8　9　10　12　13　14
(0.5，0.5)	1：8.881×10^{-16} community 0：0　1　2　3　4　5　6　7　8　9　10　11　12　13　14
(1，0)	1：1.332×10^{-15} community 0：0　1　2　3　4　5　6　7　8　9　10　11　12　13　14

由李建成教授的五个不同参数对网络划分结果可知，当(w_d, w_k)取值为（0.1，0.9）时，比（0，1）和（0.2，0.8）的网络划分模块度更大，且网络划分结果更好，因为主题 1、主题 2、主题 5、主题 11、主题 12、主题 14 很明显都是关于卫星测高的，但是在参数对取值为（0，1）的知识网络划分中，却将这些主题划分为两个社团，这说明单独地采用关键词-主题概率矩阵来构建知识网络不能达到本章想解决的问题——消除主题之间的交叉重复现象；另外剩下的 9 个主题都是关于大地测量的，而在这个划分中却将其划分为 6 个社团，并且划分出了 4 个单独的主题社团，即主题 3、主题 4、主题 10、主题 13，拿主题 13 来说，这个主题中的关键词有"现代测绘基准、遥感对地观测网络、虚拟球、月球质量中心、研究"，如果单独对这个主题命名，我们根据关键词中的权重来看，可能会将其主题定为现代测绘基准研究，但是这对于李建成教授来说是一个噪声主题，单独地采用关键词-主题概率矩阵来构建知识网络会出现一些噪声主题，在其他 19 个学者网络划分中这种情况都表现得非常突出。在参数对取值为（0.2，0.8）的知识网络划分中，却将主题 2、主题 12、主题 14 划分到大地测量学这个主题社团中，这是不合理的，同时当参数对取值为（1，0）和（0.5，0.5）时，LDA 模型挖掘出的李建成教授的 15 个主题被划分为一个社团，这更加不合理，在 20 位学者的参数对的（0.2，0.8）和（1，0）两个取值中基本都出现这种情况，当参数对取（0.5，0.5）时，有近 15%都出现划分成一个社团的情况，参数对取（1，0）时，有近 40%都出现划分成一个社团的情况，这说明当增加主题-文本概率矩阵关于主题的余弦值的权重，降低关键词-主题概率矩阵关于主题的余弦值权重时，社团划分不仅未能解决消除主题之间的交叉重复现象，而且还出现主题划分不合理的现象，甚至会影响研究领域精确度挖掘。通过实验分析可知，当(w_d, w_k)取值为（0.1，0.9）时网络划分效果最好。

通过(w_d, w_k)不同取值情况的 F-measure 和网络划分结果分析可知，在实验时选择（0.1，0.9）是最合适的，同时也证明采用本章实验方法构建的学者领域知识网络是合理有效的。

6.6.3　共词网络分析方法对比

共词网络是由文档中的关键词和关键词之间的共现关系形成的网络，一般情况下共词网络中选择的关键词都是高频关键词，关键词之间的共现关系表现为一对关键词在同一篇文章中共同出现的次数越多，这两个关键词的语义关系就越强。这种网络分析方法很容易出现两个方面的问题：一方面使一些有代表性的低频关键词被过滤掉；另一个方面降低了高频关键词的点度中心度，因为有的高频关键词跟一些被过滤掉的低频关键词有共现关系，当低频关键词被过滤掉，这个高频关键词的点度中心度很有可能就很低，从而降低了其主题表达力度，因为共词网络对社团进行主题命名的时候，是以点度中心度高的关键词为指标的，从而导致一些新型的主题无法被挖掘出来。

将《基于共词网络的专家专长挖掘》中挖掘的马费成教授和胡昌平教授的专长（刘萍和周梦欢，2012）与本章挖掘的这两位教授的研究领域对比可知，在马费成教授研究领域挖掘中，本章多挖掘出一个"知识网络"的研究领域，这是因为马费成教授的"知识网络"和与它共现的一些关键词出现的次数很低，就被过滤掉，使得这个"知识网络"研究领域在共词网络分析中不能被凸显出来，然而这个研究领域是马费成教授在近几年的一个新型的研究方向，而由于一般学者的主页中的信息很长时间未被更新，故这个主题在个人主页未出现，但是仍然是马费成教授的研究主题。在胡昌平教授研究主题挖掘中，本章多挖掘出一个"知识创新与信息资源建设"研究领域，而在刘萍和周梦欢（2012）的研究中未挖掘到。然而"知识创新与信息资源建设"是胡昌平教授的重要研究领域之一，在共词网络分析中由于低频关键词被过滤掉，这一主题未能被挖掘。从这一分析中可以知道，本章的实验方法相比于共词网络分析方法有两方面的优势：一是能够更全面地探索学者研究主题，从数字评价方面来看，基于共词分析的方法的召回率为75.83%，而本章实验的召回率为89.65%，高出近 14 百分点；二是能够探索出学者新型研究领域，如马费成教授的"知识网络"。

另外，基于共词网络方法挖掘主题会出现主题的交叉重复现象，如《基于共词网络的专家专长挖掘》中赵蓉英教授的主题"科学评价"和"大学评价"，这两个主题其实是同一个主题，但却是处于不同层级的概念粒度，大学评价归属于科学评价。而本章实验能在一定程度上避免主题交叉重复现象的发生，因为是在LDA 模型挖掘出的主题的基础之上，对这些主题还做了社团划分，也就是将相同的主题根据它们之间的关联关系，使得语义相近的主题被聚到一个社团中。

6.7　本章小结

　　学者领域知识结构的挖掘能够外化学者的研究专长，为定位专家和组建科研团队提供帮助。本章论述了基于知识网络的学者领域知识结构表示模型和构建方法，阐述了学者研究主题挖掘、主题语义关联过程和算法，实证研究证实了该方法的可行性和有效性，揭示的学者知识结构更全面、客观，同时一定程度上避免了主题交叉重复的现象发生。

第7章　基于关联网络的学者相似度计算

7.1　引　　言

无论是潜在知识社区的发现或是个体领域知识结构的挖掘都是为了促进知识的交流和科研合作。探寻学者之间的关联度不仅能显化学者之间的关系，也能辅助科研合作推荐。学者相似度计算在学科知识结构探测（马瑞敏和倪超群，2011）、社区划分（韩瑞凯等，2010）、挖掘潜在合作关系（陈卫静和郑颖，2013）等方面有广泛的应用，一直以来都是图书情报领域的重点研究内容。围绕这个问题，国内外研究人员已经展开了大量的研究工作，提出了许多计算方法，如作者共被引分析（author co-citation analysis）、作者文献耦合分析（author bibliographic coupling analysis）、作者关键词共现分析（author keyword analysis）等。然而现有的学者相似度计算都是通过属性间的某种直接关联（如引用了相同的文章或标注了相同的关键词）来计算学者间的相似度的，忽略了属性间的间接关联。本书提出一种新的基于学者关键词网络的学者相似度计算方法，在关键词关联度的基础上，利用图结构相似算法挖掘学者间的间接关联关系。选取武汉大学信息管理学院的学者作为对象进行实验，验证该算法能够更准确地识别学者之间的相似度。

7.2　研　究　现　状

在过去的相关研究中，研究人员从不同的角度提出了不同的定量化方法来计算学者相似度，其中受到较多认可的有四种基本方法，即合著分析（co-authorship analysis）、作者共被引分析、作者文献耦合分析和作者关键词分析。合著分析是通过学者之间的合著关系来研究学者相似度的一种方法。Ding（2011）研究了信息检索领域中高产作者和高被引作者在合著倾向（如倾向于同研究兴趣相同的作者合作）以及引用行为上的不同。Liu 等（2005）构建了数字图书馆领域的作者合著网络。虽然合著关系可以直接地反映作者关系，但是它更多地反映出学者之间的社会关系而远不只是学术结构（Lu and Wolfram，2012）。

　　作者共被引分析由 Small 在 1973 年首先提出（Small，1973），随后被大量地应用于相似度度量研究中（Ahlgren et al.，2003；Zhao and Strotmann，2011）。其思想是两个作者发表的文献被相同文献引用的次数越多，则这两个作者的研究内容越相似。与此相对应，作者文献耦合分析的思想是两个作者引用的相同文献数越多，则他们的研究方向越相近。作者文献耦合是 Zhao 和 Strotmann（2008）首次提出的，是在原有的文献耦合（Kessler，1963）基础上做出的改进，使其应用于描述作者的研究内容。将引文分析用于学者相似度测量虽然被许多学者认同，但是由于受作者引用某一文献的引用动机、引用深度等影响（孙海生，2012），其计算结果有时会出现偏差。此外，一篇文献发表后需要经历一定的时间才被他人引用，因而通过作者共被引来计算相似度是有时滞的，无法反映出最新的结果（陈仕吉，2009）。而作者文献耦合方法考虑的是两个学者引用相同的参考文献数量，而忽略了文献内容的关联性。

　　上述几种方法均通过文献外部特征进行学者相似度测度，与之对应的途径是分析文献内部信息，重点在于对关键词的分析。较合著和引文分析，关键词能更直观地反映出文献内容和学者的研究兴趣，从而揭示出不同作者之间的学术关系（陈卫静和郑颖，2013）。基于关键词的学者相似度计算方法有两种：第一种方法是将作者所标引的关键词集合作为对该作者的虚拟描述文档，从而利用传统的文档相似度计算方法［如向量空间模型（Salton et al.，1975）］来对学者相似度进行测量。第二种方法是作者关键词耦合分析（author keyword coupling analysis，AKCA）（刘志辉和郑彦宁，2013）。该方法类似于作者文献耦合分析，利用作者文献集关键词的耦合强度来分析作者间的关系。这两种方法虽然针对文献内容进行了分析，但都假设了词语的独立性，也就是未考虑词语之间的语义关联（Leydesdorff，1997），因而不能准确识别那些研究主题相似但使用了不同关键词的作者关系。

　　鉴于上述方法的局限性，本书借鉴关联网络（Jeh and Widom，2002；Zhao et al.，2009）的思想来解决学者相似度的计算问题。关联网络的思想是被相似实体指向的实体是相似的，同时指向相似实体的两个实体也是相似的。

7.3　基于图拓扑结构的 SimRank 算法和 P-Rank 算法

　　对于一个有向图 $G=(V, E)$，V 代表图中的所有节点，E 为有向边。$I(v)$ 表示节点 v 的入链邻节点集合，$O(V)$ 表示节点 v 的出链邻节点集合。

2002 年，Jeh 和 Widom（2002）提出了 SimRank 算法。SimRank 的基本思想是"被相似实体指向的两个实体是相似的"，也就是说，两个节点间的相似度由这两个节点的入链邻节点间的相似度决定。在最基本的情况下，认为一个实体与它本身的相似度是最大的，因此一个实体与它本身的相似度赋值为 1。令 $s(a, b)$ 表示 a、b 间的相似度。根据 SimRank 思想，当 $a=b$ 时，$s(a, b)=1$。当 $a \neq b$ 时：

$$s(a,b) = \frac{C}{|I(a)||I(b)|} \sum_{i=1}^{|I(a)|} \sum_{j=1}^{|I(b)|} s\big(I_i(a), \ I_j(b)\big) \qquad （7\text{-}1）$$

其中，i、j 分别是节点 a、b 的入链邻节点个数；C 是常数，其意义是一个衰减系数。假设文献 x 同时引用了 c 和 d，我们能从中得出 c 和 d 在一定程度上是相似的。x 与它本身的相似度是 1，但我们不会认为 $s(c, d)=s(x, x)=1$ 是个准确的结论。于是，我们令 $s(c, d)=C \cdot s(x, x)$，意为我们对于 c 和 d 之间的相似度的自信程度不如 x 与它本身的相似程度。对于 a 和 b 分别引用 c 和 d 的情况也是如此。C（$C<1$）代表着相似度随着边渗透的衰减系数。通过实验对比发现，取 $C=0.8$ 时结果较好。

然后通过入链邻节点间的相似度的递归运算最终得到两个节点间的相似度。

用 k 表示迭代次数，$R_k(a, b)$ 表示第 k 次迭代时节点 a 和 b 之间的相似度，从 R_0 开始计算，即

$$R_0(a,b) = \begin{cases} 0, & a \neq b \\ 1, & a = b \end{cases} \qquad （7\text{-}2）$$

使用 $R_k(a, b)$ 计算 $R_{k+1}(a, b)$，当 $a \neq b$ 时：

$$R_{k+1}(a, \ b) = \frac{C}{|I(a)||I(b)|} \sum_{i=1}^{|I(a)|} \sum_{j=1}^{|I(b)|} R_k\big(I_i(a), \ I_j(b)\big) \qquad （7\text{-}3）$$

当 $a=b$ 时，$R_{k+1}(a, \ b)=1$。

由于 SimRank 存在"有限信息问题"，因此对于入链很少的节点，通常无法正确揭示这些节点的相似度。然而，根据指数分布和入（出）度的长尾分布（Chakrabarti and Faloutsos，2006），那些仅有很少入链甚至没有入链的实体在信息网络中的数目众多。同时，这些实体往往是不可忽略的，因为它们是较新的实体且是潜在的重要实体，使得大多数用户对它们很感兴趣。为解决这一问题，后来的学者提出了 P-Rank 算法。P-Rank 算法（Zhao et al.，2009）在 SimRank 的基础上进行了改进，将出链信息也纳入相似度计算的信息来源，即被相似实体指向的实体是相似的，同时指向相似实体的实体是相似的。根据 SimRank 的基本计算公式可以得到 P-Rank 的基本计算公式，当 $a \neq b$ 时：

$$\text{s}(a,\ b) = \lambda \times \frac{C}{|I(a)||I(b)|} \sum_{i=1}^{|I(a)|} \sum_{j=1}^{|I(b)|} s\big(I_i(a),\ I_j(b)\big)$$

$$+ (1-\lambda) \times \frac{C}{|O(a)||O(b)|} \sum_{i=1}^{|O(a)|} \sum_{j=1}^{|O(b)|} s\big(O_i(a),\ O_j(b)\big)$$

（7-4）

当 $a=b$ 时，$\text{s}(a,\ b)=1$。

式（7-4）中，入链和出链的相对权重由参数调节。C 与 SimRank 中的相同，是衰减系数。当 $I(a)$［或 $I(b)$］$=\phi$ 时，则入链部分无法计算，只有出链部分对结果产生影响，反之亦然。

对于网络图中的每对节点对，都用式（7-4）计算其相似度，然后通过递归运算最终得到所有节点对的相似度。用 k 表示迭代次数，$R_k(a,\ b)$ 表示第 k 次迭代时节点 a 和 b 之间的相似度，从 R_0 开始计算，即

$$R_0(a,b) = \begin{cases} 0, & a \neq b \\ 1, & a = b \end{cases}$$

（7-2）

使用 $R_k(a,\ b)$ 计算 $R_{k+1}(a,\ b)$，当 $a \neq b$ 时：

$$R_{k+1}(a,\ b) = \lambda \times \frac{C}{|I(a)||I(b)|} \sum_{i=1}^{|I(a)|} \sum_{j=1}^{|I(b)|} R_k\big(I_i(a),\ I_j(b)\big)$$

$$+ (1-\lambda) \times \frac{C}{|O(a)||O(b)|} \sum_{i=1}^{|O(a)|} \sum_{j=1}^{|O(b)|} R_k\big(O_i(a),\ O_j(b)\big)$$

（7-5）

当 $a=b$ 时，$R_{k+1}(a,\ b)=1$。同样，实验发现，取 $C=0.8$ 时结果通常较好。

迭代的 P-Rank 公式［式（7-2）和式（7-5）］具有以下属性（Zhao et al., 2009）：①对称性，$R_k(a,\ b) = R_k(b,\ a)$；②单调性，$0 \leqslant R_k(a,\ b) \leqslant R_{k+1}(b,\ a) \leqslant 1$；③存在性，P-Rank 迭代公式的结果总是存在且收敛的；④唯一性，当 $C \neq 1$ 时，P-Rank 迭代公式的结果是唯一的。

SimRank 的不足之处在于有限信息问题。由于 SimRank 只在相似度的计算中使用了入链关系而忽略了出链关系中所包含的相似度信息，因此 SimRank 只挖掘了信息网络中的部分结构信息，导致所得出的相似度会有不可避免的偏差。尤其是对于入链邻节点少的节点，SimRank 可能产生有偏见的结果或仅仅由于在计算过程中考虑的结构信息不完整而不能得到结果。

为了解决 SimRank 的有限信息问题，Zhao 等（2009）提出了 P-Rank。P-Rank 表示两个实体是相似的，即它们被相似的实体引用，或它们引用相似的实体。与前人提出的结构性相似度算法 SimRank 相比，P-Rank 同时考虑了入链和出链两个方面的影响从而构建了一个语义更加完整、健壮的相似度算法。P-Rank 值从实体的入链邻节点一直渗透到出链节点。同时，这是一个递归渗透的过程，从实体

的邻节点一直扩散到整个信息网络中，通过对整个信息网络结构的分析，增强了相似度的计算效果。

Zhao 等（2009）以 DBLP 的学者合著及出席会议信息构建的网络作为数据集，使用 SimRank 和 P-Rank 算法分别计算了学者的相似度，结果显示 P-Rank 效果较好。

C. Li 等（2012）根据维基百科中学者对词条文章的编辑行为，形成学者-文章网络，提出了基于学者的文章相似度算法。他们认为每个学者所编辑的词条文章通常集中于自己擅长的领域，因此被同个学者编辑的词条间具有一定的相似性。根据这一思想，通过学者编辑词条的次数和编辑的总词条数等计算了词条文章间的相似度。C. Li 等（2012）选取英文维基中 "Religious Objects" 这一分类下的 18 973 个词条文章构建学者-文章网络，分别使用 SimRank、P-Rank、基于学者的相似度计算方法，以及基于文本内容的相似度计算方法，对词条相似度进行计算，结果显示基于学者的相似度计算方法效果更佳。

7.4　学者关联网络的构建及相似度计算

7.4.1　基于学者关联网络的相似度计算流程

本书通过学者-关键词关系构建学者的关联网络，以测度关键词间的相关程度和学者间的相似度。基于学者关联网络的相似度计算流程如图 7-1 所示。

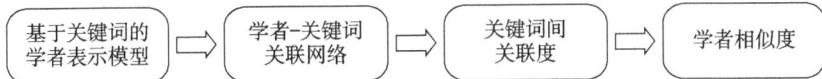

图 7-1　基于学者关联网络的相似度计算流程

（1）搜集学者发表的文献信息，抽取其关键词，对每个学者使用的关键词进行统计，得到学者的关键词集合和每个词的词频，将词频作为该词的权重。对于每个学者 A_i，其关键词 k_j 的权重为 w_{ij}，基于关键词的学者表示模型为

$$A_i = \{(k_1, w_{i1}), (k_2, w_{i2})(k_3, w_{i3}), \cdots, (k_m, w_{im})\}$$

（2）学者-关键词关联网络构建。

根据基于关键词的学者表示模型构建一个有向、有权重的异构社会网络图 $G = (V, E)$。以学者和关键词为两种节点，即节点集合 $V = V_1 \cup V_2$，其中 V_1 为学者集合，$V_1 = \{A_1, A_2, A_3, \cdots, A_n\}$，$V_2$ 为关键词集合，$V_2 = \{k_1, k_2, k_3, \cdots, k_m\}$。如果一个学者使用了某个关键词，则有一条边 $A \rightarrow k$ 从该学者指向该关键词，且边的权重 w 为该学者使用这个关键词的次数。即如果学者 A_1 使用了关键词 k_1，则有一条边从节点 A_1 指向节点 k_1，其权重为 w_{11}。图 7-2 即为一个由 3 位学者 A_1，

A_2，A_3 和 5 个关键词 $\{k_1，k_2，k_3，k_4，k_5\}$ 构成的学者-关键词关联网络。

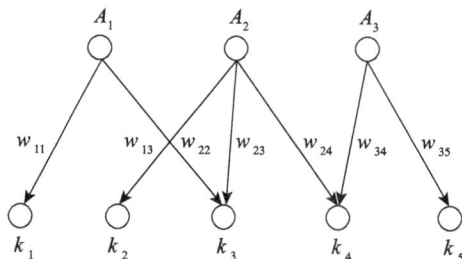

图 7-2　学者-关键词关联网络图样例

（3）根据关联网络图中学者和关键词间的关联关系计算关键词间的关联度。传统算法都将关键词视为独立存在的个体，相互之间没有关联，但事实上不同关键词间原本就存在不同程度的相似度，能间接地影响到学者间的相似度。

一个学者所使用的高频关键词都是与他的研究主题紧密相关的，每个学者使用的关键词都是围绕着他的研究内容展开的，因此，这些关键词是相关联的。而每个关键词代表着特定的研究内容，不同研究内容吸引不同专业的学者进行研究，每个关键词被特定专业的研究学者使用，因此，被相同学者使用的关键词是相关联的。通过学者-关键词网络得到关键词-作者矩阵，使用向量空间模型对关键词间的关联度进行计算。

（4）通过上一步的计算，得到了关键词间的关联度。这个关联度不是纯粹的语义相似度，而是反映两个关键词所代表的研究方向间紧密程度的，为进一步计算学者间的相似度做了有利的铺垫。由于关键词间具有相似度，现有的学者相似度算法，如作者关键词耦合等，都将词看做独立的个体，因此无法应用到这一步的计算中来。根据学者-关键词关联网络计算学者相似度的基本思想是同一个类型下的两个对象，如果经常连接到相似的其他对象，那么这两个对象的相似性应该很高。

为了体现这一思想，本书引入链接分析的基本思想计算基于关键词关联度的学者相似度。计算方法在 7.4.3 小节中进行详细论述。

7.4.2　关键词间关联度的测度

从上文所构建的学者-关键词网络中，可以通过关键词的入链信息，得到每个关键词被哪些学者使用及其使用频次。根据这一信息，将关键词作为描述对象，用指向该关键词的学者和对应边的权重对该关键词进行描述。例如，关键词 i 被 n 个学者指向，每条边的权重为权重 i_n，则关键词 i 可以表示如下：

关键词 i = { (学者 1，权重 i_1)，(学者 2，权重 i_2)，…，(学者 n，权重 i_n) }

　　将所有关键词进行表示，即得到一个关键词–学者矩阵。根据这一关键词的表示模型，可以运用向量空间模型对关键词间的关联度进行计算。

　　将每个学者作为空间向量中的一个维度，每个关键词对某学者的权重即为在其对应维度上的值。为了使计算结果更为准确，本书不直接将词频作为对应维度上的值，而是通过 TF-IDF 计算得到关键词对每个学者的重要度作为该关键词在每个学者维度上的值。

　　所谓重要度，其值越高，则说明这个关键词对某学者的重要性越大，越能代表该学者的核心研究内容。如果两个不同的关键词都对同一学者的重要度较高，则说明这两个词都是对该学者核心研究内容的体现，因此这两个词间的关联度也应该较高。

　　用 k 表示关键词实体，A 表示学者实体，V_k 表示关键词集合，V_A 表示学者集合，$C_{A_i,\ k_j}$ 表示关键词 k_j 对学者 A_i 的重要度。根据余弦相似度算法，当 $1 \leqslant i,\ j \leqslant |V_k|$ 时，关键词 k_i 和 k_j 间的关联度计算公式如下：

$$s\left(k_i,\ k_j\right) = \frac{\sum\limits_{A_n \in V_A} C_{A_n,\ k_i} C_{A_n,\ k_j}}{\sqrt{\sum\limits_{A_n \in V_A} C_{A_n,\ k_i}^2} \sqrt{\sum\limits_{A_n \in V_A} C_{A_n,\ k_j}^2}} \qquad (7\text{-}6)$$

　　重要度 $C_{A_i,\ k_j}$ 的计算方法来源于 TF-IDF 思想，所谓重要度，可以从两方面体现：一是使用次数，学者使用某关键词的次数越高，则这个词对他的研究就越重要；二是该词占某学者使用关键词总数的比例，所占比例越大，则对该学者来说重要性就越高。根据这两个方面，将重要度 C 的计算方法定义如式（7-7）、式（7-8）所示：

$$C_{A_i,\ k_j} = W_{A_i k_j} \times f_{A_i} \qquad (7\text{-}7)$$

其中，$W_{A_i k_j}$ 是学者–关键词网络中学者 A_i 指向关键词 k_j 的边的权重，即学者 A_i 使用关键词 k_j 的频次；f_{A_i} 表示关键词 k_i 占学者 A_i 使用的关键词总数的比例。f_{A_i} 的具体计算方法如下：

$$f_{A_i} = \log \frac{|V_k|}{|O(A_i)|} \qquad (7\text{-}8)$$

其中，$|O(A_i)|$ 表示学者的出链个数，即学者 A_i 总共使用的关键词个数；$|V_k|$ 是关键词总数。式（7-8）是由 TF-IDF 算法中的 IDF 思想类比而来的。一个学者使用的关键词总数越多，他的关键词分布越广泛，则每个关键词对该学者的重要度就越低。反之，一个学者使用的关键词总数越少，则每个关键词占其关键词总数的比例就越大，关键词对该学者的重要度就越高。

7.4.3　基于关键词关联度的学者相似度计算方法

通过 7.4.2 小节的方法计算得到关键词间的关联度，此时，关键词不再是独立存在的个体，而是相互关联的，在此基础上本书采用 P-Rank 算法的基本公式进行基于关键词关联度的学者相似度计算。

P-Rank 的基本计算公式为当 $a \neq b$ 时：

$$s(a,\ b) = \lambda \times \frac{C}{|I(a)||I(b)|} \sum_{i=1}^{|I(a)|} \sum_{j=1}^{|I(b)|} s\big(I_i(a),\ I_j(b)\big)$$
$$+ (1-\lambda) \times \frac{C}{|O(a)||O(b)|} \sum_{i=1}^{|O(a)|} \sum_{j=1}^{|O(b)|} s\big(O_i(a),\ O_j(b)\big) \tag{7-4}$$

当 $a = b$ 时，$s(a,\ b) = 1$。

对于本书构建的学者–关键词网络而言，所有边都由学者指向关键词，因此学者只有出链没有入链，在使用 P-Rank 计算学者相似度时取 $\lambda = 0$。此时，学者所指向的关键词间的相似度决定作者间的相似度，而这个关键词间的相似度即为 7.4.2 小节中所计算的关联度。令 $s(A_i,\ A_j)$ 表示学者 A_i、A_j 间的相似度，则当 $A_i \neq A_j$ 时：

$$s(A_i,\ A_j) = \frac{C}{|O(A_i)||O(A_j)|} \sum_{m=1}^{|O(A_i)|} \sum_{n=1}^{|O(A_j)|} s\big(O_m(A_i),\ O_n(A_j)\big) \tag{7-9}$$

其中，$s\big(O_m(A_i),\ O_n(A_j)\big)$ 表示学者 A_i、A_j 所指向的两个关键词间的相似度，即通过向量空间模型计算得到的关键词关联度。通过式（7-9）计算得到的结果即为基于关联网络的学者相似度。

7.5　实验与讨论

7.5.1　数据收集与预处理

1. 数据收集

本章的实验对象选取的是武汉大学信息管理学院的学者。该院一共有 72 位老师（含退休教师），在组织结构上划分为五个系（图书馆学系、信息管理科学系、档案与政务信息学系、出版科学系、信息系统与电子商务系）和两个中心（信息资源研究中心、中国科学评价中心）。

为获取每位老师使用的关键词，本书选取中国知网全文数据库作为数据来源，以作者为搜索项（以第一作者为主），通过老师姓名进行检索，搜集了 1989～2010 年发表的所有期刊文章，保存了"题名""作者""关键词"等题录信息，作为实验的原始数据集。对下载的题录信息进行去重、字符编码转换（中文编码使用 UTF-8）等处理，使数据规范化。为得到构建学者-关键词网络的数据，将题录信息按照老师分类，得到 72 位老师的文献集合，再从中抽取每位老师使用的关键词并统计每个词的频次，共抽出关键词 6 917 个。最终数据格式为以每个老师的姓名建立一个文本文件，文件中存储该老师使用的关键词及频次，关键词按词频降序排列。

2. 数据预处理

首先，将每个老师使用的关键词中词频为 1 的词删除。因为词频为 1 的关键词不能充分代表作者的研究方向，很可能是偶然在某次研究中涉及的某些研究内容，因此将这些关键词去除。然后，将一些对描述研究方向无意义的词删除，如"实证研究"、"综述"、"对策"及"述评"等词。将此时关键词集合为空或只有 1 个关键词的老师去除，得到 63 位老师和 956 个不同的关键词。将这 63 位老师及他们的关键词集合作为实验数据集。

7.5.2　实验结果与分析

1. 基于学者-关键词关联网络的学者相似度计算结果

首先，根据 7.4.2 小节中描述的关键词间关联度的计算方法［式（7-7）～式（7-9）］，得到关键词间的关联度矩阵（部分）如表 7-1 所示。

表 7-1　关键词关联度矩阵（部分）

关键词	图书馆	可移动文化	编辑出版学	文献分布	检索语言	职业竞争力	图书情报教育	电子文件保存	网络	文献库	抄本	市场营销	启发式算法	印刷术	用户体验	信息导航	市场失灵	藩王	档案学专业	情报检索	本体	因子分析
图书馆	1	0	0	0.156	0	0	0	0.286	0.348	0	0	0	0	0	0.046	0	0.162	0	0	0.160	0.007	0.081
可移动文化	0	1	0	0	0	0	0	0	0	0	0	0	0	0	0	0	0	0	0	0	0	0
编辑出版学	0	0	1	0	0	0	0	0	0.188	0	0	1	0	0	0	0	0	0	0	0	0	0
文献分布	0.156	0	0	1	0	0	0	0	0.322	0	0	0	0	0	0	0	0	0	0	0	0.047	0.519
检索语言	0	0	0	0	1	0	0	0	0.273	0	0	0	0	0	0	0	0	0	0	0	0	0
职业竞争力	0	0	0	0	0	1	0	0	0	0	0	0	0	0	0	0	0	0	0	0	0	0
图书情报教育	0	0	0	0	0	0	1	0	0	0	0	0	0	0	0	0	0	0	0	0	0	0.482
电子文件保存	0.286	0	0	0	0	0	0	1	0.112	0	0	0	0	0	0	0	0	0	0	0	0	0
网络	0.348	0	0.188	0.322	0.273	0	0	0.112	1	0	0	0.188	0	0	0	0	0	0	0	0.376	0.015	0.167
文献库	0	0	0	0	0	0	0	0	0	1	0	0	0	0	0	0	0	0	0	0	0	0
抄本	0	0	0	0	0	0	0	0	0	0	1	0	0	1	0	0	0	0	0	0	0	0
市场营销	0	0	1	0	0	0	0	0	0.188	0	0	1	0	0	0	0	0	0	0	0	0	0
启发式算法	0	0	0	0	0	0	0	0	0	0	0	0	1	0	0.357	0	0	0	0	0	0	0
印刷术	0	0	0	0	0	0	0	0	0	0	1	0	0	1	0	0	0	0	0	0	0	0
用户体验	0.046	0	0	0	0	0	0	0	0	0	0	0	0.357	0	1	0	0	0	0	0	0.240	0
信息导航	0	0	0	0	0	0	0	0	0	0	0	0	0	0	0	1	0	0	0	0	0	0
市场失灵	0.162	0	0	0	0	0	0	0	0	0	0	0	0	0	0	0	1	0	0	0	0	0
藩王	0	0	0	0	0	0	0	0	0	0	0	0	1	0	0	0	0	1	0	0	0	0
档案学专业	0	0	0	0	0	0	0	0	0	0	0	0	0	0	0	0	0	0	1	0	0	0
情报检索	0.160	0	0	0.047	0	0	0	0	0.376	0	0	0	0	0	0	0	0	0	0	1	0	0.025
本体	0.007	0	0	0.047	0	0	0	0.015	0	0	0	0	0	0	0.240	0	0	0	0	0	1	0.025
因子分析	0.081	0	0	0.519	0	0	0.482	0	0.167	0	0	0	0	0	0	0	0	0	0	0	0.025	1

从表 7-1 中可以看出，虽然很多关键词间的关联度为 0，但是，相较于将词看做相互独立的个体，已经在一定程度上加强了对词间真实关系的反映。

根据上述关键词间的关联度，代入式（7-9），得到学者相似度矩阵（部分），如表-2 所示。

表 7-2　基于关联网络的学者相似度矩阵（部分）

学者	代君	何绍华	余世英	刘家真	刘荣	司莉	司马朝军	吴丹	吴佳鑫	吴永贵	周宁	周耀林	唐晓波	姚永春	孙凌	孙更新	宋恩梅	寇继虹
代君	1	0.098 53	0.014 54	0.045 03	0.016 82	0.060 89	0	0.013 51	0.019 70	0.010 57	0.055 37	0.003 54	0.017 26	0.000 46	0.110 62	0	0.137 41	0.106 85
何绍华	0.098 53	1	0.017 31	0.045 96	0.034 05	0.034 47	0	0.010 12	0.016 52	0.022 61	0.050 20	0.005 09	0.014 89	0.011 85	0.144 29	0	0.075 08	0.043 33
余世英	0.014 54	0.017 31	1	0.005 24	0.005 51	0.004 95	0.025 91	0.006 33	0.016 06	0.096 66	0.029 32	0.001 00	0.034 37	0.053 75	0.025 47	0.005 91	0.066 97	0.010 41
刘家真	0.045 03	0.045 96	0.005 24	1	0.026 70	0.032 87	0	0.003 39	0.004 29	0.026 63	0.021 26	0.004 45	0.004 55	0.017 52	0.060 83	0.000 47	0.040 28	0.008 66
刘荣	0.016 82	0.034 05	0.005 51	0.026 70	1	0.015 71	0	0.001 17	0.142 84	0.028 80	0.033 85	0.001 26	0.056 19	0.010 76	0.022 95	0	0.016 04	0.018 52
司莉	0.060 89	0.034 47	0.004 95	0.032 87	0.015 71	1	0	0.138 05	0.045 13	0.006 07	0.080 72	0.002 10	0.019 85	0.001 79	0.043 54	0	0.035 20	0.032 16
司马朝军	0	0	0.025 91	0	0	0	1	0	0	0.002 20	0	0	0	0	0	0	0	0
吴丹	0.013 51	0.010 12	0.006 33	0.003 39	0.001 17	0.138 05	0	1	0	0.003 31	0.011 09	0	0.002 71	0	0.012 54	0	0.012 81	0
吴佳鑫	0.019 70	0.016 52	0.016 06	0.004 29	0.142 84	0.045 13	0	0	1	0.000 54	0.344 87	0	0.097 45	0	0.057 98	0	0.032 30	0
吴永贵	0.010 57	0.022 61	0.096 66	0.026 63	0.028 80	0.006 07	0.002 20	0.003 31	0.000 54	1	0.004 30	0.001 03	0.001 40	0.159 11	0.015 03	0.002 18	0.010 29	0.003 58
周宁	0.055 37	0.050 20	0.029 32	0.021 26	0.033 85	0.080 72	0	0.011 09	0.344 87	0.004 30	1	0.002 16	0.040 92	0.002 74	0.121 95	0.002 28	0.083 69	0.018 58
周耀林	0.003 54	0.005 09	0.001 00	0.004 45	0.001 26	0.002 10	0	0	0	0.001 03	0.002 16	1	0.000 43	0.000 48	0.012 55	0	0.006 54	0.007 83
唐晓波	0.017 26	0.014 89	0.034 37	0.004 55	0.056 19	0.019 85	0	0.002 71	0.097 45	0.001 40	0.040 92	0.000 43	1	0.004 25	0.042 50	0	0.062 10	0.013 55
姚永春	0.000 46	0.011 85	0.053 75	0.017 52	0.010 76	0.001 79	0	0	0	0.159 11	0.002 74	0.000 48	0.004 25	1	0.030 34	0.002 79	0.010 97	0
孙凌	0.110 62	0.144 29	0.025 47	0.060 83	0.022 95	0.043 54	0	0.012 54	0.057 98	0.015 03	0.121 95	0.012 55	0.042 50	0.030 34	1	0	0.308 48	0.084 48
孙更新	0	0	0.005 91	0.000 47	0	0	0	0	0	0.002 18	0.002 28	0	0	0.002 79	0	1	0	0
宋恩梅	0.137 41	0.075 08	0.066 97	0.040 28	0.016 04	0.035 20	0	0.012 81	0.032 30	0.010 29	0.083 69	0.006 54	0.062 10	0.010 97	0.308 48	0	1	0.121 53
寇继虹	0.106 85	0.043 33	0.010 41	0.008 66	0.018 52	0.032 16	0	0	0	0.003 58	0.018 58	0.007 83	0.013 55	0	0.084 48	0	0.121 53	1

为了使结果便于观察和比较，使用 SPSS 19.0 的系统聚类法对相似度结果进行可视化，得到树状图（部分），如图 7-3 所示。由于完整的树状图较大，因此在本章内对实验结果进行分析时都截取其中的部分进行展示，完整的树状图见附录 A。

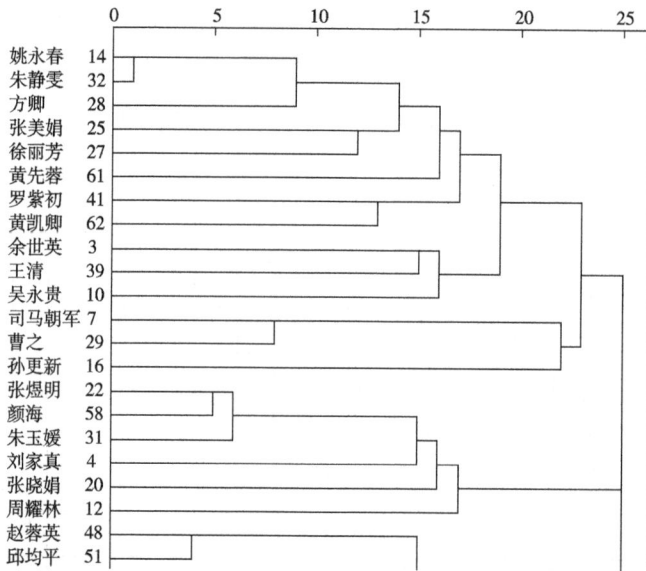

图 7-3　基于关联网络的学者相似度系统聚类结果（一）

2. 基于作者关键词耦合的学者相似度计算结果

基于作者关键词耦合的学者相似度算法首先通过统计每两位老师所使用的相同关键词的个数得到作者关键词耦合强度矩阵，表 7-3 展示了部分矩阵。

表 7-3　作者关键词耦合强度矩阵（部分）

学者	代君	何绍华	余世英	刘家真	刘荣	司莉	司马朝军	吴丹	吴佳鑫	吴永贵	周宁	周耀林	唐晓波	姚永春	孙凌	孙更新	宋恩梅	寇继虹	张敏	张晓娟	张李义	张煜明	张燕飞	张玉峰
代君	3	1	0	1	0	1	0	0	0	0	1	0	0	0	0	0	0	0	1	1	1	0	0	0
何绍华	1	20	0	5	1	1	0	0	0	0	1	3	0	0	0	1	0	0	1	1	2	0	1	2
余世英	0	0	6	0	0	0	0	0	0	1	0	0	1	0	0	0	1	0	0	0	1	0	0	0
刘家真	1	5	0	135	1	3	0	0	0	3	4	2	0	1	0	0	1	0	1	7	2	3	0	1
刘荣	0	1	0	1	9	1	0	0	1	1	1	0	1	0	0	0	0	1	0	0	0	0	0	0
司莉	1	1	0	3	1	17	0	0	0	0	4	0	0	0	0	0	0	0	1	2	1	0	0	0
司马朝军	0	0	0	0	0	0	4	0	0	0	0	0	0	0	0	0	0	0	0	0	0	0	0	0
吴丹	0	0	0	0	0	0	0	4	0	0	0	0	0	0	0	0	0	0	0	0	0	0	0	0
吴佳鑫	0	0	0	0	0	0	0	0	4	0	4	0	0	0	0	0	0	0	0	0	0	0	0	0
吴永贵	0	1	0	3	1	0	0	0	0	31	0	0	0	2	0	0	0	0	0	0	0	0	0	0
周宁	1	3	1	4	1	4	0	0	0	0	44	0	0	0	1	0	2	0	1	3	4	0	0	6
周耀林	0	0	0	0	0	0	0	0	0	0	0	17	0	0	0	0	0	0	0	2	0	0	0	0
唐晓波	0	0	0	1	1	0	0	0	1	0	2	0	14	0	0	0	0	0	0	0	0	0	0	0
姚永春	0	0	0	1	0	0	0	0	0	2	0	0	0	5	0	0	0	0	0	0	0	0	0	1
孙凌	0	1	0	0	0	0	0	0	0	0	1	0	0	0	3	0	0	0	0	1	0	0	0	1
孙更新	0	0	0	0	0	0	0	0	0	0	0	0	0	0	0	3	0	0	0	0	0	0	0	0
宋恩梅	0	0	1	1	0	0	0	0	0	0	0	0	0	0	0	0	5	0	1	0	0	0	0	0
寇继虹	0	0	0	0	0	0	0	0	0	0	0	0	0	0	0	0	0							
张敏	1	1	0	1	0	1	0	0	0	0	1	0	0	0	0	0	0	0	7	1	1	0	0	0
张晓娟	1	1	0	7	0	2	0	0	0	0	3	2	0	0	0	0	1	1	1	20	1	2	0	0
张李义	1	2	1	2	0	1	0	0	0	0	1	0	0	0	0	0	0	0	1	1	14	0	0	0
张煜明	0	0	0	3	0	0	0	0	0	0	0	0	0	0	0	0	0	0	0	2	0	6	0	0
张燕飞	0	1	0	0	0	0	0	0	0	0	0	0	0	0	0	0	0	0	0	0	0	0	5	0
张玉峰	0	2	0	1	0	0	0	0	0	0	6	0	0	1	1	0	0	0	0	2	0	0	0	37

可以看到，有的老师使用的关键词个数远高于其他老师，如刘家真老师，这使得刘老师与其他老师的关键词耦合强度也相对较高，这对比较不同作者对间的相似度很不利。因此，通过相互包容系数法对耦合强度矩阵进行处理，消除特殊值对结果的影响，得到学者的相似度矩阵，表 7-4 为部分矩阵。

表 7-4　基于作者关键词耦合的学者相似度矩阵（部分）

学者	代君	何绍华	余世英	刘家真	刘荣	司莉	司马朝军	吴丹	吴佳鑫	吴永贵	周宁	周耀林	唐晓波	姚永春	孙凌	孙更新	宋恩梅	寇继虹
代君	1	0.016 67	0	0.002 47	0	0.019 61	0	0	0	0	0.007 58	0	0	0	0	0	0	0
何绍华	0.016 67	1	0	0.009 26	0.005 56	0.002 94	0	0	0	0	0.001 61	0.010 23	0	0.011 91	0	0.016 67	0	0.033 33
余世英	0	0	1	0	0	0	0	0	0	0	0.003 79	0	0.011 91	0	0	0	0	0
刘家真	0.002 47	0.009 26	0	1	0.000 82	0.003 92	0	0	0	0.002 15	0.002 69	0.001 74	0	0.001 48	0	0	0.001 48	0
刘荣	0	0.005 56	0	0.000 82	1	0	0	0	0.027 78	0.003 58	0.002 53	0	0.007 94	0	0	0	0	0
司莉	0.019 61	0.002 94	0	0.003 92	0	1	0	0	0	0	0.021 39	0	0	0	0	0	0	0
司马朝军	0	0	0	0	0	0	1	0	0	0	0	0	0	0	0	0	0	0
吴丹	0	0	0	0	0	0	0	1	0	0	0	0	0	0	0	0	0	0
吴佳鑫	0	0	0	0	0.027 78	0	0	0	1	0	0.090 91	0	0.017 86	0	0	0	0	0
吴永贵	0	0.001 61	0	0.002 15	0.003 58	0	0	0	0	1	0	0	0.025 81	0	0	0	0	0
周宁	0.007 58	0.010 23	0.003 79	0.002 69	0.002 53	0.021 39	0	0	0.090 91	0	1	0	0.006 49	0	0.007 58	0	0.018 18	0
周耀林	0	0	0	0.001 74	0	0	0	0	0	0	0	1	0	0	0	0	0	0
唐晓波	0	0	0.011 91	0	0.007 94	0	0	0	0.017 86	0.025 81	0.006 49	0	1	0	0	0	0.014 29	0
姚永春	0	0	0	0.001 48	0	0	0	0	0	0	0	0	0	1	0	0	0	0
孙凌	0	0.016 67	0	0	0	0	0	0	0	0	0.007 58	0	0	0	1	0	0	0
孙更新	0	0	0	0	0	0	0	0	0	0	0	0	0	0	0	1	0	0

学者	代君	何绍华	余世英	刘家真	刘荣	司莉	司马朝军	吴丹	吴佳鑫	吴永贵	周宁	周耀林	唐晓波	姚永春	孙凌	孙更新	宋恩梅	寇继虹
宋恩梅	0	0	0.033 33	0.001 48	0	0	0	0	0	0	0.018 18	0	0.014 29	0	0	0	1	0
寇继虹	0	0	0	0	0	0	0	0	0	0	0	0	0	0	0	0	0	1

与表 7-2 相比，可以很明显地看出，基于作者关键词耦合计算的学者相似度中值为 0 的学者对较多。这是由于作者关键词耦合算法中要求两位学者必须有完全匹配的关键词，否则两人之间将没有耦合强度，也就没有相似度。

使用 SPSS 19.0 对结果进行可视化，以与基于关联网络的学者相似度进行比较。通过系统聚类法得到树状图，由于完整的树状图较大，图 7-4 及后文的分析中仅截取了部分树状图，完整的树状图见附录 B。

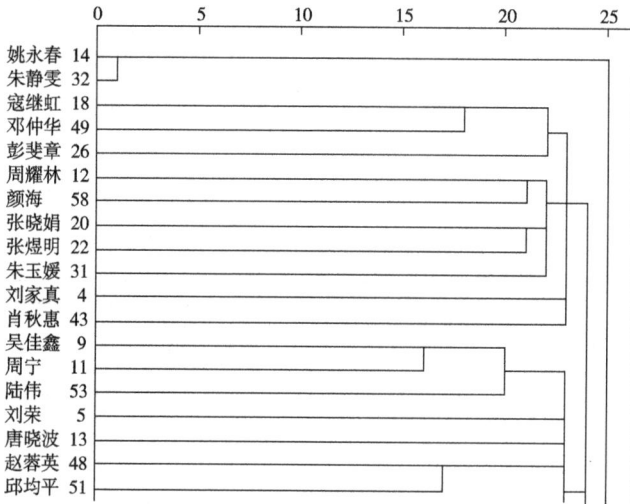

图 7-4　基于作者关键词耦合的学者相似度系统聚类结果（一）

从图 7-4 中可以看出，获取学者间有效聚类的距离普遍较远。接下来阐述对结果的具体分析。

3. 基于向量空间模型的学者相似度计算结果

根据所搜集的实验数据，可以利用学者的关键词集合构建学者-关键词矩阵。通过词频计算 TF-IDF 作为关键词在每个作者维度上的权重，以余弦相似度作为学者相似度计算结果，得到学者间的相似度矩阵，表 7-5 展示了部分矩阵。

表 7-5　基于向量空间模型的学者相似度矩阵（部分）

学者	代君	何绍华	余世英	刘家真	刘荣	司莉	司马朝军	吴丹	吴佳鑫	吴永贵	周宁	周耀林	唐晓波	姚永春	孙凌	孙更新	宋恩梅	寇继虹
代君	1	0.011 63	0	0.004 26	0	0.008 87	0	0	0	0	0.005 38	0	0	0	0	0	0	0
何绍华	0.011 63	1	0	0.023 48	0.015 76	0.004 03	0	0	0	0.016 10	0.014 15	0	0	0	0.024 03	0	0	0
余世英	0	0	1	0	0	0	0	0	0	0	0.011 63	0	0.024 54	0	0	0	0.039 01	0
刘家真	0.004 26	0.023 48	0	1	0.007 79	0.007 89	0	0	0	0.016 17	0.006 68	0.012 15	0	0.004 10	0	0	0.003 82	0

续表

学者	代君	何绍华	余世英	刘家真	刘荣	司莉	司马朝军	吴丹	吴佳鑫	吴永贵	周宁	周耀林	唐晓波	姚永春	孙凌	孙更新	宋恩梅	寇继虹
刘荣	0	0.015 76	0	0.007 79	1	0	0	0	0.044 23	0.010 15	0.009 02	0	0.028 56	0	0	0	0	0
司莉	0.008 87	0.004 03	0	0.007 89	0	1	0	0	0	0	0.030 05	0	0	0	0	0	0	0
司马朝军	0	0	0	0	0	0	1	0	0	0	0	0	0	0	0	0	0	0
吴丹	0	0	0	0	0	0	0	1	0	0	0	0	0	0	0	0	0	0
吴佳鑫	0	0	0	0	0.044 23	0	0	0	1	0	0.634 20	0	0.034 21	0	0	0	0	0
吴永贵	0	0.016 10	0	0.016 17	0.010 15	0	0	0	0	1	0	0	0	0.063 74	0	0	0	0
周宁	0.005 38	0.014 15	0.011 63	0.006 68	0.009 02	0.030 05	0	0	0.634 20	0	1	0	0.013 32	0	0.08 33	0	0.014 10	0
周耀林	0	0	0	0.012 15	0	0	0	0	0	0	0	1	0	0	0	0	0	0
唐晓波	0	0	0.024 54	0	0.028 56	0	0	0	0.034 21	0	0.013 32	0	1	0	0	0	0.021 26	0
姚永春	0	0	0	0.004 10	0	0	0	0	0	0.063 74	0	0	0	1	0	0	0	0
孙凌	0	0.024 03	0	0	0	0	0	0	0	0	0.08 33	0	0	0	1	0	0	0
孙更新	0	0	0	0	0	0	0	0	0	0	0	0	0	0	0	1	0	0
宋恩梅	0	0	0.039 01	0.003 82	0	0	0	0	0	0	0.014 10	0	0.021 26	0	0	0	1	0
寇继虹	0	0	0	0	0	0	0	0	0	0	0	0	0	0	0	0	0	1

使用 SPSS 19.0 对结果进行可视化，以与基于关联网络的学者相似度进行比较。通过系统聚类法得到树状图，由于完整的树状图较大，图 7-5 及后文的分析中仅截取了部分树状图，完整的树状图见附录 C。

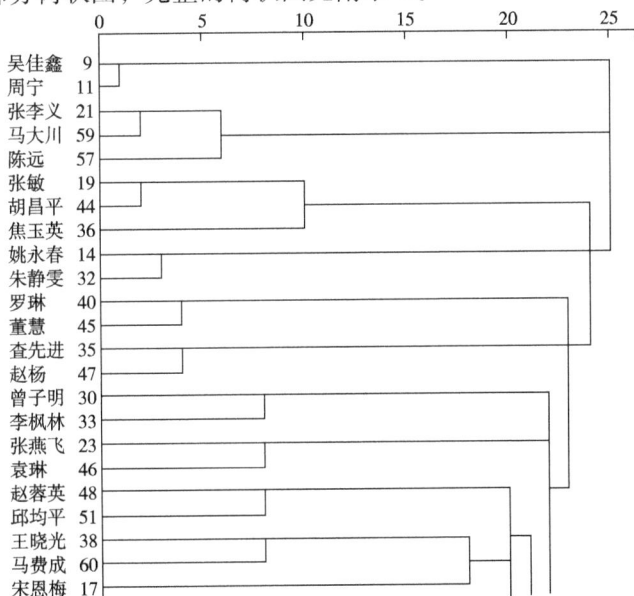

图 7-5　基于向量空间模型的学者相似度系统聚类结果（部分）

从图 7-5 的树状图中可以看出，许多学者间两两关系紧密，但学者对之间关系较为疏远。

4. 实验结果对比分析

将基于关联网络的学者相似度计算结果（图 7-3）与基于作者关键词耦合（图 7-4）和向量空间模型（图 7-5）这两种学者相似度计结果的系统聚类树状图进行对比，可以看出基于关联网络的学者相似度的聚类结果更为紧密，而基于作者关键词耦合的学者相似度总体聚类距离最远。

图 7-3～图 7-5 中部分老师间的聚类结果始终较为一致，如马费成和王晓光、赵蓉英和邱均平等都被较为紧密地聚集在一类。同时，也有部分老师的聚类结果有较大差异，下面对其中几个较为典型的案例进行具体分析。

（1）在基于作者关键词耦合的学者相似度计算结果中，可以看到吴丹、邱晓琳两位老师没有与其他老师聚在一类（图 7-6），通过在基于作者关键词耦合的耦合强度矩阵中进行查找，发现这两位老师的关键词集合中的词个数相对较少，均为 4 个，且与其余老师相匹配的关键词个数尤为少。因此，得到的相似度结果中，这两位老师与其他老师之间相似度为 0 的情况非常多，使得在层次聚类结果中没有被聚到某一类别。

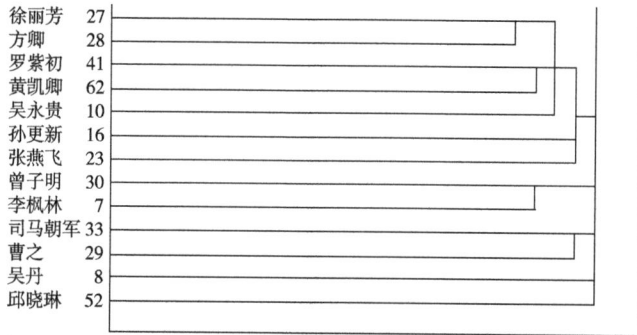

图 7-6　基于作者关键词耦合的学者相似度系统聚类结果（二）

在基于向量空间模型的学者相似度计算结果中，吴丹、司马朝军老师也是类似情况。

然而，在基于关联网络的学者相似度计算结果中，这两位老师的层次聚类结果有明显差异。以邱晓琳老师为例，如图 7-7 所示，她与张玉峰、李纲老师聚在一起。通过查看邱晓琳老师的关键词及其简介发现，邱晓琳老师的研究内容主要为竞争情报和知识管理。而张玉峰老师所发表的文献表明她的研究内容包括竞争情报，同时其个人主页上的研究方向包括知识管理。李纲老师的研究内容同样包括竞争情报。因此，基于关联网络的学者相似度算法较好地体现了邱晓琳与张玉峰和李纲老师三者之间的相似性，而通过作者关键词耦合得到的结果中则不能体现这三者间的关联。

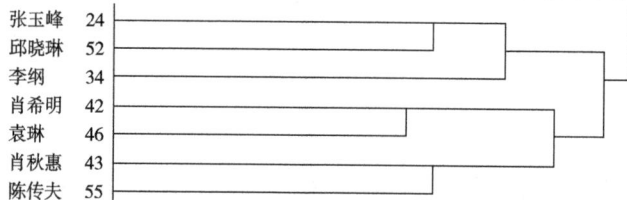

图 7-7　基于关联网络的学者相似度系统聚类结果（二）

同时，在基于作者关键词耦合的学者相似度计算结果中，张玉峰老师虽然使用的关键词个数为 37 个，但是与其他老师相匹配的词数不多，因此耦合强度较低，在层次聚类中的结果不佳。

　　在基于关联网络的学者相似度算法中，司马朝军与曹之老师距离较近，而在基于向量空间模型的学者相似度算法中，司马朝军老师没有与其他老师聚在一类。

　　因此，在这几位学者间的相似度的计算上，基于关联网络的学者相似度计算效果更好。

　　（2）观察基于作者关键词耦合的学者相似度聚类结果，发现将陆泉、黄先蓉、陈传夫三位老师聚在了一起（图 7-8）。观察三位老师的关键词发现，陆泉老师的关键词个数仅为 2，即"数字图书馆"和"维基"，而其中的"数字图书馆"一词三位老师均有使用，同时，黄先蓉和陈传夫老师有"著作权法""著作权"等相同的关键词，因此通过耦合强度进行测度时，陆泉老师与黄先蓉、陈传夫关系紧密。

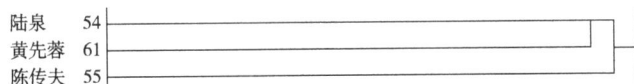

图 7-8　基于作关键词耦合的学者相似度系统聚类结果（三）

　　而在基于关联网络的学者相似度计算结果中，这三位老师是分开的，黄先蓉与徐丽芳、方卿等出版科学系的老师距离较近（图 7-3），黄先蓉老师虽然有与著作权法相关的研究，但她的总体研究方向是从出版科学的角度出发的。陆泉老师与焦玉英、董慧老师距离最近，他们的研究都与数字图书馆、维基、Web2.0 等相关。陈传夫老师则与肖秋惠、肖希明等老师距离较近（图 7-7）：与肖秋惠老师都有关于信息法的研究，与肖希明老师都有关于图书馆学的研究。

　　在基于向量空间模型的学者相似度结果中，陆泉老师没有被紧密地聚在某一类，而是基本独立存在，因此这之中基于关联网络的学者相似度计算结果最好。

　　（3）从图 7-6 中可以看出，李枫林与曾子明老师关系较为紧密，他们两位老师同属于信息系统与电子商务系，他们的研究都包括信息服务等，有相同的关键词使他们较为相似。然而，张李义老师被与王新才、袁琳等老师聚在一类，这与他们各自的研究内容有所不符。张李义与曾子明老师同属于信息系统与电子商务系，且与曾子明老师合著过文章。王新才老师主要研究档案学、电子政务等方向。袁琳老师主要研究图书馆学相关方向。因此，这三者间并没有明显的相似性。

　　在基于关联网络的学者相似度聚类结果中，李枫林老师则与胡昌平老师最为相近（图 7-9），同时，曾子明老师与张李义老师距离最近，袁琳老师则与肖希明、肖秋惠等图书馆学专业老师聚在一起（图 7-7）。

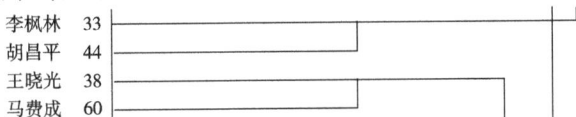

图 7-9　基于关联网络的学者相似度系统聚类结果（三）

　　李枫林老师虽然属于信息系统与电子商务系，但他的研究内容主要为信息服务，与胡昌平老师的研究方向较为吻合，两人还合著过《信息服务与用户》一书，因此将两人划分在一类是符合事实的。同时，张李义、袁琳老师的划分相较于作者关键词耦合得到的结果也更为符合事实。

　　在基于向量空间模型的学者相似度结果中，李枫林与曾子明老师关系紧密，同时张李义老师与其他几位电子商务系老师聚在一起。然而，胡昌平老师与其他研究方向相近的老师距离较远，且邓胜利老师与黄如花老师距离最近。

　　对比三种计算方法的聚类结果可以发现，基于关联网络的学者相似度算法的结果优于基于作者关键词耦合和向量空间模型的学者相似度结果。

7.5.3　讨论

　　本章选择通过关键词构建学者间的关联网络。与合著网络相比，学者-关键词网络包含的信息更全面。当两位学者有合著行为时，他们必然使用了相同的关键词，但他们也可以在没有合著行为的情况下分别使用相同的关键词。同时，由于引用行为的复杂性，作者引用某一文献的引用动机、引用深度等目前还无法客观衡量和判断（孙海生，2012）。因此，基于引文的相似度测度有时会出现偏差，而关键词是作者对其文献的主观描述，是对其研究的归纳，通过关键词对学者间的相似度进行测度更为准确。同时，作者共被引分析是有时滞的，一篇文献发表后需要经历一定的时间才会被他人引用，因而通过作者共被引计算相似度是比较滞后的，无法反映出最新的结果。使用关键词作为建立学者间关联的媒介则时滞性小，因为关键词在文献发表的同时就可以被纳入相似度计算中。

　　通过上述与基于作者关键词耦合以及向量空间模型的学者相似度算法结果的比较分析可以看出，基于学者-关键词关联网络的学者相似度算法得到的结果是有效的。特别是对于使用关键词较少的学者，此时作者关键词耦合效果往往不够理想，因为耦合要求两人使用了相同的关键词，而由于关键词是作者主观选择的，同样研究主题的文献作者可能主观选择了表达相同意思的不同词汇作为关键词。此时，用关键词耦合得到的结果是不够完整的。同样，基于向量空间模型的学者相似度算法中，将不同的关键词看做不同的维度，而空间向量中的维度也是相互独立的。而通过建立学者-关键词网络并计算关键词间的关联关系，挖掘相近的关键词间的关系，计算学者相似度时结果更为准确。

　　本章在计算关键词间关联度时，使用了 TF-IDF 的思想计算权重，在考虑词频影响的同时通过 IDF 调整了词频的影响程度。使用关键词越多的学者，最高词频也越高，因此如果直接将词频作为权重会使结果产生偏差。在得到关键词间的关联度后，本章借用 P-Rank 基本公式对学者相似度进行了计算。但是，考虑到 P-Rank 公式是不包含权重的，因此没有进行迭代。根据前人的研究，SimRank 和 P-Rank 是非常有效的基于图结构的相似度算法，如果能在所得到的关键词间关联度的基础上，进行带权重的迭代过程，可能会对结果有进一步的优化。同时，本章建立的关联网络中的关系较为简单，仅包括学者和关键词两类节点。如果在此基础上，加上合著、共同出席会议等多维关联构成一个更为复杂的关联网络，由于信息的补充，可能会得到更好的学者相似度结果。

　　本章对相似度计算的评价方法通过系统聚类对结果进行人工评价。这一方法比较主观，对于大型数据效率太低。评价相似度的计算结果的客观指标如下：通过 K-means 或 K-medoids 聚类，计算 Jaccard 系数或紧密度（compactness），紧密度越低，说明聚类结果越紧凑，相似度结果越好；通过 DBScan（ density-based spatial clustering of applications with noise，即基于密度的聚类算法）进行基于密度的聚类，通过噪声衡量相似度结果。在进一步的研究中，应增加客观的评价指标。

7.6　本　章　小　结

　　通过对相关研究的总结发现，现有的方法能够找到直接通过某种属性关联的学者间的相似度，如引文耦合、关键词耦合等，但却忽略了具有间接关联的相似度。两个不能直接匹配的关键词可以代表相同或相似的研究方向，如"百度"和"Google"虽然不是直接匹配的，但是这两个词是密切相关的，都表示"搜索引擎"或"信息检索"。基于这一现状，本章主要论述了如何在获取关键词间关联度的基础上对学者相似度进行测度。具体来说，通过构建学者-关键词关联网络，利用 TF-IDF 和向量空间模型的思想，揭出了关键词间关联度的测度方法，使关键词不再是相互独立的个体，而是具有相关关系的词对。在此基础上，根据学者和关键词之间的关联关系，运用 P-Rank 思想，进行基于关键词关联度的学者相似度计算。基于作者关键词网络的学者相似度计算结果比作者关键词耦合、向量空间模型等直接通过某种属性关联的计算方法效果更好。另外，选择关键词作为学者关联媒介，比作者同被引等基于引文的学者关系测度更为客观且无时滞。

　　但是，本章的研究还存在一些不足，所选的实验范围局限于一个学院的教师，因此对相似结果的评价采用的是人工评价，下一步我们将选择一个领域的核心研究人员为实验范围，探测核心研究人员的研究内容相似性。

第 8 章　基于 SimRank 的学者相似度计算

第 7 章介绍了基于关联网络的学者相似度计算，在计算关键词相似度的基础上利用学者关键词网络图拓扑结构来计算学者相似度。本章探讨在作者关键词二分图网络的基础上，以 SimRank 算法为指导，利用学者关键词双迭代方式来同时计算学者和关键词的相似度，并选取图情领域 16 种国际期刊为实验对象进行实证分析。

8.1　SimRank 相似度计算与共引、耦合的比较

SimRank 是一种基于图的拓扑结构信息来衡量任意两个对象间相似程度的模型，该模型的核心思想为如果两个对象被其相似的对象引用（即若两个对象有相似的入邻边结构），那么这两个对象也相似。SimRank 扩充和丰富了传统的共引思想和耦合思想，通过合理设置模型参数可以推导出共引网络和耦合网络相似度计算模型。文献共引是指，当两篇文献被一篇（后来发表的）文献同时参考引用时，两篇文献之间的关系。共引网络中节点的相似度计算可以抽象理解为被同一实体指向的实体间是相似的。引文耦合是指两篇论文同引一篇或多篇相同的文献，通常可以用引文耦合的多少来定量测算两篇文献之间的静态联系程度，引文耦合越多，说明两篇文献的相关性越强。耦合网络中节点的相似度计算可以抽象理解为指向相同实体的实体间是相似的。

接下来通过图 8-1 比较共引思想、耦合思想和 SimRank 思想的联系。图 8-1（a）是一个二分图，左边是施引文献，右边是被引文献，即文献 v_1 引用了文献 v_3 和 v_4，文献 v_2 引用了文献 v_4 和 v_5。图 8-1（b）展示的是共引思想，即 v_3 和 v_4 同被 v_1 引用，v_3 和 v_4 被同一实体 v_1 指向，v_3 和 v_4 在某种程度上是相似的；同理 v_4 和 v_5 同被 v_2 引用，v_4 和 v_5 被同一实体 v_2 指向，因此 v_4 和 v_5 在某种程度上是相似的。图 8-1（c）展示的是耦合的思想，即文献 v_1 和 v_2 同时引用了 v_4，v_1 和 v_2 由于指向同一实体，因此 v_1 和 v_2 在某种程度上是相似的。图 8-1（d）展示的是 SimRank 的

思想，即由于 v_1 和 v_2 指向相同的实体 v_4，因此 v_1 和 v_2 是相似的，而由于 v_3 和 v_5 被相似的实体 v_1 和 v_2 指向，v_3 和 v_5 也具有相似性。从被引文献到施引文献再到被引文献不断循环，有一个相似性"扩散"的递归渗透过程。节点对之间的相似度相互强化，直到整个网络中各个节点对相似度值达到稳定状态为止。

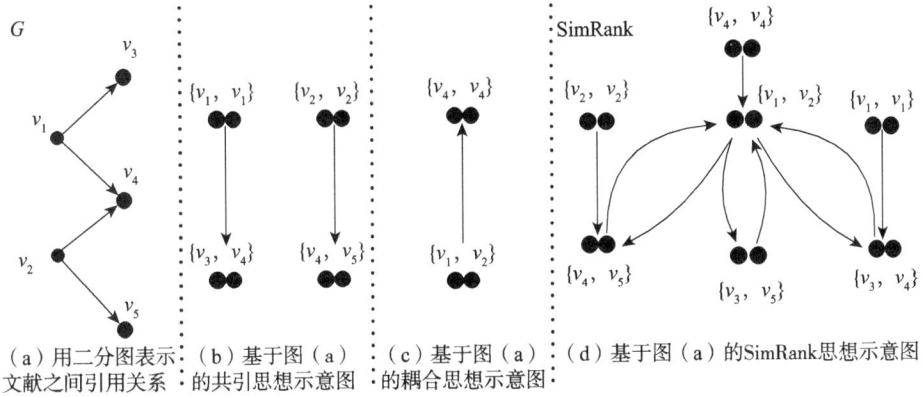

（a）用二分图表示　　（b）基于图（a）　　（c）基于图（a）　　（d）基于图（a）的SimRank思想示意图
文献之间引用关系　　的共引思想示意图　　的耦合思想示意图

图 8-1　共引、耦合和 SimRank 相似度"扩散"模型比较

　　SimRank 相似度计算方法与上述传统结构相似度计算方法相比，语义更加完整，更加健壮。相似度的"扩散"是一个递归渗透的过程，从节点对的邻居节点一直发散到整个网络中，通过对整个网络结构信息的分析，增强了相似度的计算效果。在作者关键词共现网络中大部分的关键词节点（集散节点）只与少量的作者节点相连，是典型的无标度网络。基于 SimRank 相似计算方法能够较好地适应具有显著非均匀性度分布的无标度网络，充分利用网络整体特性挖掘网络中大量存在的集散节点间的相似性，如计算图 8-1（a）中集散节点 v_3 和集散节点 v_5 之间的相似度。

8.2　基于 SimRank 的学者相似度计算方法

　　本章构建的网络图为研究人员-关键词构成的二分图，根据学者和关键词之间的关系及 P-Rank 的基本思想，可以认为：①使用相似关键词的研究人员是相似的；②被相似研究人员使用的关键词是相似的。

　　如图 8-2 所示，获取数据集后，对数据进行预处理，筛选领域核心学者和关键词。根据共现关系构建学者关键词共现网络，利用 SimRank 算法计算相似度，得到学者相似度矩阵和关键词相似度矩阵。本章主要研究内容是基于 SimRank 计算学者间研究内容的相似度，后文将简要介绍关键词相似度计算结果，重点分析学者相似度计算结果。

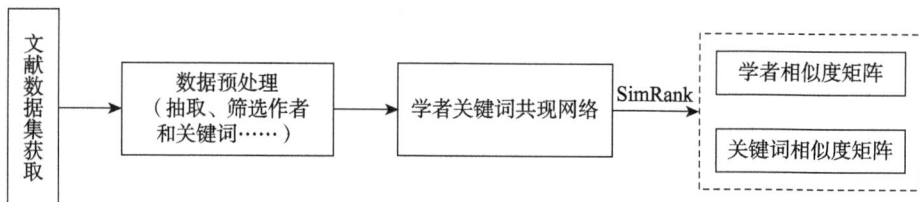

图 8-2 基于 SimRank 的学者相似度计算流程

8.2.1 学者-关键词网络构建

对于 n 个研究人员，通过数据库搜集所发表文献的信息，从中抽取每个研究人员所使用的关键词，得到 n 个研究人员所使用的 m 个关键词。以学者和关键词为节点，节点集合 $V=V_A \cup V_K$，其中 V_A 为学者集合 $V_A = \{A_1, A_2, \cdots, A_n\}$，$V_K$ 为关键词集合 $V_K = \{K_1, K_2, \cdots, K_n\}$。以使用关键词行为构建边，即如果研究人员 A_i 使用了关键词 K_j，则有一条边从节点 A_i 指向节点 K_j。学者关键词共现网络为如图 8-1（a）所示的二分图。

8.2.2 基于 SimRank 的学者相似度计算方法

SimRank 相似度计算是一个基于网络结构的递归运算过程，初始认定节点与自身的相似度最大为 1，不同节点间相似度为 0，见式（8-1）。

$$S_0(a, b) = \begin{cases} 1, & a = b \\ 0, & a \neq b \end{cases} \tag{8-1}$$

按上节所述构建学者关键词二分图网络，学者只有出度没有入度。根据 SimRank 思想指向相似关键词的学者是相似的，学者 A_i 和 A_j 之间的相似度计算见式（8-2）。

$$S_{k+1}(A_i, A_j) = \begin{cases} \dfrac{C}{|O(A_i)||O(A_j)|} \sum_{s=1}^{|O(A_i)|} \sum_{t=1}^{|O(A_j)|} S_k(O_s(A_i), O_t(A_j)), & i \neq j \\ 1, & i = j \end{cases} \tag{8-2}$$

其中，$O(A_i)$ 表示学者节点 A_i 的出链邻居节点集合，即学者 A_i 使用的关键词集合；$O_s(A_i)$ 表示集合 $O(A_i)$ 的一个元素（一个关键词）。

学者关键词共现网络中关键词节点只有入度没有出度，根据 SimRank 思想，被相似学者指向的关键词是相似的，关键词之间的相似度计算见式（8-3）。

$$S_{k+1}\left(K_i,\ K_j\right)=\begin{cases}\dfrac{C}{\left|I\left(K_i\right)\right|\left|I\left(K_j\right)\right|}\displaystyle\sum_{s=1}^{\left|I\left(K_i\right)\right|}\sum_{t=1}^{\left|I\left(K_j\right)\right|}S_k\left(I_s\left(K_i\right),\ I_t\left(K_j\right)\right),&i\neq j\\1,&i=j\end{cases}\quad(8\text{-}3)$$

其中，$I\left(K_i\right)$ 表示关键词节点 K_i 的入链邻居节点集合，即使用关键词 K_i 的学者集合；$I_s\left(K_i\right)$ 表示集合 $I\left(K_i\right)$ 的一个元素（一位学者）。式（8-2）和式（8-3）中常数 C 为相似度"扩散"衰减系数。如图 8-1（b）所示，在相似度"扩散"过程中，加入衰减系数 C，$0<C<1$，$S\left(V_3,\ V_4\right)=C\times S\left(V_1,\ V_1\right)$。系数 C 的取值会影响学者间相似度计算结果和关键词相似度计算结果。

使用 SimRank 计算学者间相似度时，设定衰减系数 C，先利用式（8-1）和式（8-2）计算学者间相似度 $S_1\left(A_i,\ A_j\right)$，式（8-1）和式（8-3）更新关键词间相似度 $S_1\left(K_i,\ K_j\right)$。其中学者间相似度 $S_1\left(A_i,\ A_j\right)$ 实则基于传统的耦合思想所得，关键词间相似度 $S_1\left(K_i,\ K_j\right)$ 实则基于传统的共引思想所得。利用更新的关键词间相似度 $S_1\left(K_i,\ K_j\right)$ 和式（8-2）计算学者间相似度 $S_2\left(A_i,\ A_j\right)$，利用学者间相似度 $S_1\left(A_i,\ A_j\right)$ 和式（8-3）更新关键词间相似度 $S_2\left(K_i,\ K_j\right)$。再次利用更新的关键词间相似度 $S_2\left(K_i,\ K_j\right)$ 和式（8-2）计算学者间相似度 $S_3\left(A_i,\ A_j\right)$，利用学者间相似度 $S_2\left(A_i,\ A_j\right)$ 和式（8-3）更新关键词间相似度 $S_3\left(K_i,\ K_j\right)$……如此往复，直到第 k 次迭代时得到收敛结果：学者间相似度 $S_k\left(A_i,\ A_j\right)$，关键词间相似度 $S_k\left(K_i,\ K_j\right)$。递归运算的过程即为相似度"扩散"流入循环，节点对之间相似度相互强化，整个二分图中学者间相似度、关键词间相似度达到稳定的过程。

8.3　实　　验

8.3.1　数据预处理与网络构建

本书以 Web of Science 数据库为数据源，选取图书情报学领域具有代表性的 ARIST[1]、IPM[2]、JASIST[3]等 16 种国际期刊。文献类型限定为"article"、"proceedings

---

[1]《信息科学技术年评》（*Annual Review of Information Science and Technology*，ARIST）。

[2]《信息处理和管理》（*Information Processing and Management*，IPM）。

[3]《信息科学与技术学会杂志》（*Journal of the Association for Information Science and Technology*，JASIST）。

paper"和"review",时间跨度为2001~2013年,得到文献共计10 648篇。

抽取所有文献第一作者和关键词(无关键词的文献,从文献主题和摘要中抽取),在此基础上选择学者和关键词。由于某一领域内核心学者的认定,目前没有统一的标准,一般多以发表学术成果数量和被引频次为标准。本章从实证角度探讨SimRank算法在探测领域核心学者研究内容相似性中的应用,综合考虑论文数量、被引频次两项指标以便于实验结果的评价,初步选择50位学者。对关键词进行同义词合并,删除无意义词,根据Donohue(1973)提出的关键词选取公式,删除大量低频关键词,保留42个关键词。

根据8.2.1小节所述构建学者关键共现网络,删除与其他学者没有共同关键词的学者,得到由43位学者和42个关键词组成的共现网络。实验选取该网络为最终研究对象,通过程序实现SimRank算法计算学者间研究内容的相似度。

8.3.2　学者相似度和关键词相似度结果

在学者关键词共现网络基础上,根据8.2节SimRank相似度计算方法取衰减系数C=0.9,计算得出的学者相似度矩阵如表8-1所示,关键词相似度矩阵如表8-2所示。

8.3.3　实验结果分析

实验结果分析将对关键词相似度结果进行简要分析,重点分析学者相似度聚类结果。运用定性分析的方法解释定量计算上的差异,结果总是难以令人信服的。在缺少定量指标评价SimRank相似度计算结果好坏的情况下,本章借助描述性统计分析方法、数据压缩技术对实验结果进行分析,努力降低主观因素对结果分析的影响。通过大量阅读原文章摘要和收集其他相关信息深入剖析SimRank及AKCA方法聚类结果中有代表性的差异。

1. 学者相似度矩阵分析

为了更加直观地分析学者相似度矩阵,对8.3.1小节构建的学者关键词共现网络进行AKCA,运用Ochiia系数测度学者间相似性。对比分别使用SimRank方法和AKCA方法计算所得903组(43×42/2)学者间相似度的取值情况,见图8-3。

表 8-1　学者相似度矩阵（部分）

学者	P.Jacso	G.Lewison	J.M.Campanario	M.H.Huang	R.N.Kostoff	R.Rousseau	M.Thelwall	B.Hjorland	F.Franceschini	H.Kretschmer
P.Jacso	1									
G.Lewison	0.212 632	1								
J.M.Campanario	0.169 684	0.300 733	1							
M.H.Huang	0.225 972	0.173 183	0.267 165	1						
R.N.Kostoff	0.200 812	0.275 322	0.172 046	0.156 714	1					
R.Rousseau	0.125 724	0.172 233	0.326 547	0.308 106	0.162 294	1				
M.Thelwall	0.251 143	0.153 996	0.150 139	0.144 916	0.189 533	0.112 760	1			
B.Hjorland	0.291 720	0.168 792	0.158 337	0.429 242	0.149 199	0.149 055	0.165 556	1		
F.Franceschini	0.129 656	0.276 817	0.248 916	0.211 452	0.258 176	0.276 580	0.129 926	0.127 377	1	
H.Kretschmer	0.145 694	0.133 475	0.157 227	0.147 077	0.150 870	0.166 675	0.244 304	0.121 161	0.152 590	1

表 8-2　关键词相似度矩阵（部分）

关键词	hirsch-index	informetric	research collaboration	content analysis	information search	information science	p-index	electronic journal	bibliometric	impact factor
hirsch-index	1	0.217 853	0.157 713	0.230 447	0.120 179	0.185 095	0.302 493	0.132 683	0.208 170	0.271 531 969
informetric	0.217 853	1	0.134 065	0.326 507	0.150 042	0.149 541	0.163 049	0.143 740	0.146 283	0.240 161 493
research collaboration	0.157 713	0.134 065	1	0.163 711	0.126 117	0.113 584	0.170 910	0.120 182	0.277 744	0.157 402 934
content analysis	0.230 447	0.326 507	0.163 711	1	0.164 699	0.164 677	0.162 835	0.163 376	0.201 410	0.259 812 712
information search	0.120 179	0.150 042	0.126 117	0.164 699	1	0.310 155	0.098 674	0.423 147	0.126 823	0.114 185 133
information science	0.185 095	0.149 541	0.113 584	0.164 677	0.310 155	1	0.133 820	0.306 318	0.128 856	0.146 138 863
p-index	0.302 493	0.163 049	0.170 910	0.162 835	0.098 674	0.133 820	1	0.107 911	0.241 199	0.217 969 115
electronic journal	0.132 683	0.143 740	0.120 182	0.163 376	0.423 147	0.306 318	0.107 911	1	0.124 842	0.126 172 516
bibliometric	0.208 170	0.146 283	0.277 744	0.201 410	0.126 823	0.128 856	0.241 199	0.124 842	1	0.213 697 339
impact factor	0.271 532	0.240 161	0.157 403	0.259 813	0.114 185	0.146 139	0.217 969	0.126 173	0.213 697	1

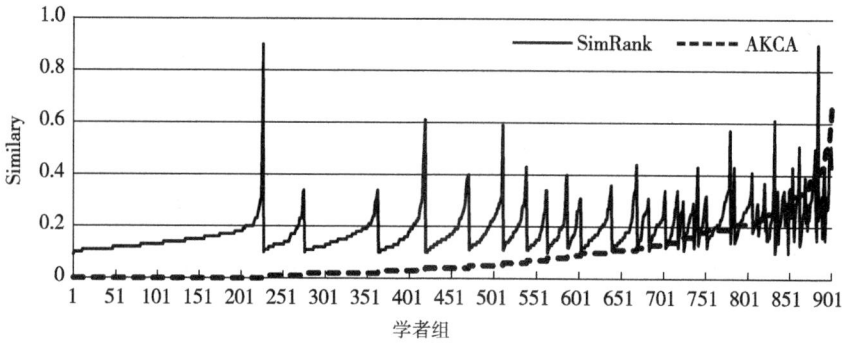

图 8-3　SimRank 和 AKCA 方法学者间相似度比较

AKCA 最大值 0.69，最小值 0；SimRank 最大值 0.9，最小值 0.094 88

使用 AKCA 方法学者间相似度整体较低，相似度取值主要集中在 0～0.1，占 66.9%。取值在 0.1～0.2 的占 19.6%，在 0.2～0.3 的占 8%，在 0.3～0.4 的占 3.4%。其中有 228 组学者间相似度取值为 0，即 228 组学者间的研究内容不存在相关性。使用 SimRank 方法学者间相似度整体较高，相似度取值主要集中在 0.1～0.2，占 66.4%。取值在 0.2～0.3 的占 23.4%，取值在 0.3～0.4 的占 7.3%。对比 SimRank 和 AKCA 方法学者间相似度计算结果：SimRank 与 AKCA 方法计算结果存在较大差异；使用 SimRank 方法学者间相似度整体上大于使用 AKCA 方法的计算结果。

2. 实验结果聚类分析

由于数据规模和容量远远超出了我们能够直接逐一比较、分析的能力，为了能够更加方便地表示和理解上述实验所得相似度结果，同时又尽可能揭示这些相似度数据的隐含信息，需要借助聚类分析技术对数据进行压缩（王钰等，2006）。

如图 8-2 所示的基于 SimRank 相似度计算方法可以同时得到学者相似度矩阵和关键词相似度矩阵，通过 SimRank 相似度计算思想和基于 SimRank 的学者相似度计算过程不难发现，学者相似度与学者关键词共现网络中关键词间相似度紧密关联。本章此处先对关键词进行简单的聚类分析，探讨关键词相似度计算结果合理性。再详细比较分别使用 SimRank 和 AKCA 方法计算学者间相似度的聚类结果。

（1）关键词聚类分析。使用基于类间匹配值（matching score，MS）最大化的凝聚层次聚类方法（Tang J et al.，2012；Liu et al.，2014）对关键词相似度矩阵进行聚类分析。经过多次实验反复观察，确定聚类数为 9，关键词聚类结果见表 8-3。类团 1、4、7、8、9 的内聚性高，耦合度低，聚类效果较好。通过关键词刻画类团主题，类团 1、4、7、8、9 主题鲜明，分别为引文分析理论与方法、网络计量学、科研创新、数字图书馆、信息检索。类团 3 和类团 5 内容均为科学评价研究，耦合度高，应该划入一个类团。P 指数作为科研评价指标，是引文分析理论与方法的重要组成部分，类团 2 应该归类到类团 1。类团 3 与类团 5 之间的高耦合和类团 1 与类团 2 之间的高耦合可能由多方面因素造成：聚类分析方法的排斥性（钟伟金等，2008），SimRank 对网络链接关系的敏感性，学者关键词选取主观性，等等。通过关键词刻画类团主题发现类团 6 主题不明晰，内聚性较低。一个研究主题往往由众多关键词刻画，可能部分低频关键词致使类团 6 主题不明确、不完整，类团内聚性较低。分析关键词聚类结果可以判定：聚类结果能大致反映图书情报学领域的主题结构，关键词间相似度比较真实地反映了关键词实际亲疏程度。

表 8-3　关键词层次聚类结果

聚类序号	关键词			
1	informetric impact factor	hirsch-index citation impact	g-index characteristic scores and scale	evaluation
2	p-index normalization	indicator	quality	information
3	citation analysis	bibliometric	research evaluation	field normalization
4	webometric	social network	university	ranking
5	research collaboration	performance	analysis	peer review
6	information science	journal	gender bias	content analysis
7	innovation	entropy	citation	research
8	information service serial	library information search	publication	electronic journal
9	information retrieval	search engine	worldwide web	internet

（2）学者聚类分析。使用 MATLAB R2012b 分别对 AKCA 和 SimRank 方法学者相似度矩阵做 K-means 聚类分析。结合图书情报学知识结构，学者研究兴趣（从 Google Scholar 和学者个人博客中获取），经过筛选将学者分别分为八类和七类。AKCA 学者相似度聚类结果见表 8-4，SimRank 学者相似度聚类结果见表 8-5。

表 8-4　AKCA 学者相似度聚类结果

聚类序号	学者			
1	F.Franceschini L.Bornmann	G.Prathap W.Glänzel	L.Waltman L.Egghe	M.Schreiber
2	R.Rousseau L.Leydesdorff	A.Schubert J.M.Campanario	G.Yu T.F.Frandsen	Q.L.Burrell
3	S.M.Mutula J.F.Xia	P.Jacso H.I.Xie	D.Nicholas	
4	R.Savolainen N.Ford	A.Spink B.J.Jansen	D.H.L.Goh J.Bar-Ilan	J.Zhang M.Thelwall
5	R.N.Kostoff K.Kousha	R.Costas M.Pinto	Y.Ding	G.Lewison
6	H.Kretschmer	L.Vaughan	J.L.Ortega	P.Vinkler
7	B.Hjørland	J.M.Budd	M.Y.Tsay	
8	G.Abramo	M.H.Huang	V.Larivière	

表 8-5　SimRank 学者相似度聚类结果

聚类序号	学者			
1	F.Franceschini	G.Prathap	L.Waltman	M.Schreiber
	J.F.Xia	M.Pinto	G.Lewison	V.Larivière
	L.Leydesdorff	J.M.Campanario		
2	R.Rousseau	A.Schubert	G.Yu	Q.L.Burrell
	L.Bornmann	W.Glänzel	L.Egghe	P.Vinkler
3	S.M.Mutula	P.Jacso	D.Nicholas	
	B.J.Jansen	J.Bar-Ilan	M.Thelwall	
4	R.Savolainen	A.Spink	D.H.L.Goh	J.Zhang
	N.Ford	H.I.Xie		
5	R.N.Kostoff	R.Costas	Y.Ding	M.Y.Tsay
	T.F.Frandsen	G.Abramo		
6	H.Kretschmer	L.Vaughan	J.L.Ortega	K.Kousha
7	B.Hjørland	J.M.Budd	M.H.Huang	

　　AKCA 学者相似度聚类结果与 SimRank 学者相似度聚类结果整体上比较接近。对比表 8-4 和表 8-5 聚类结果，部分学者间聚类结果较为一致，被紧密地联系在一起，用灰色背景标志。在表 8-4 和表 8-5 中也存在部分学者被划归到了不同的类团。接下来阅读文章摘要（共 437 篇），参考引用关系、合著关系、研究兴趣等外部信息分析部分有代表性的聚类结果差异，比较 AKCA 和 SimRank 学者相似度计算结果。

　　其一，L.Bornmann、W.Glänzel 和 L.Egghe 发表文献内容主要包括计量学理论与数据分布特性研究、评价指标理论与模型研究。F.Franceschini、……M.Schreiber 文献内容涉及计量学分析方法的改进与完善，包含大量实证角度的评价指标相关性分析和比较研究。R.Rousseau、…… Q.L.Burrell 广泛应用数学模型和统计学方法研究计量学评价指标理论与方法，其中 H 指数理论研究占据了较大部分。注意到 R.Rousseau 与 L.Egghe 作为师生关系在 2001～2013 年合作频繁，发表了大量引文分析理论与方法研究文献。同时二人在此期间也对 Glänzel 和 Schubert（1988）提出的 CSS（characteristic scores and scales，即特征值及尺度）概念进行了理论和实证研究。通过上述分析，L.Bornmann、W.Glänzel、L.Egghe 和 R.Rousseau、…… Q.L.Burrell 的研究内容更加接近。基于 SimRank 的学者相似度计算结果更加符合实际情况。

　　其二，L.Leydesdorff 和 J.M.Campanario 的研究内容包含知识图谱、期刊评价、计量学新方法、新工具介绍，其中期刊评价研究与 F.Franceschini、…… M.Schreiber 有重叠。L.Leydesdorff、J.M.Campanario 与 F.Franceschini、…… M.Schreiber 的研究内容相似度更大。相较于 AKCA 方法，SimRank 相似度计算结果更贴近实际。

其三, B.J.Jansen、J.Bar-Ilan、M.Thelwall 的研究内容包括用户信息检索行为、信息检索系统评价、文献资料数据库、网页内容分析、链接分析等。S.M.Mutula、P.Jacso、D.Nicholas 研究内容包括数字图书馆、数字鸿沟、学术搜索引擎、电子期刊、信息检索、科研人员电子信息资源利用与搜寻行为、日志分析等。R.Savolainen、……N.Ford 文献内容包括信息行为分析、信息检索技术研究,涉及用户检索行为、信息交流行为、交互式信息检索、检索策略、日志文件分析、元数据在门户网站中的应用等。B.J.Jansen、J.Bar-Ilan、M.Thelwall 与 S.M.Mutula、P.Jacso、D.Nicholas 的研究内容更加接近。SimRank 相似度计算结果更加准确。

其四, H.I.Xie 发表文献主要涉及用户信息检索策略、信息检索系统比较研究,与 R.Savolainen 等的信息行为和检索技术研究更加接近。SimRank 相似度计算结果更理想。

其五, P.Vinkler 发表文献主要包括科学评价实证、计量学评价指标研究。H.Kretschmer、L.Vaughan、J.L.Ortega 研究内容包括科研合著中的性别差异、网络链接分析实证、网络计量学新方法探究、科研合作网络分析等。P.Vinkler 与 L.Bornmann、W.Glänzel、L.Egghe 和 R.Rousseau、……Q.L.Burrell 的研究内容更加接近。SimRank 相似度计算结果更加准确。

通过分析典型的聚类结果差异,基于 SimRank 的学者相似度计算方法能够有效挖掘学者研究内容,准确测度相似性。本章将 SimRank 相似度思想引入学者相似度计算中,突破了传统基于共引思想和基于耦合思想的相似度计算局限,将相似度计算拓展到网络整体拓扑结构。实验结果有效验证了基于 SimRank 的学者相似度计算方法的可行性和有效性。作为一个全新的基于网络结构的相似度思想,SimRank 能灵活应用于计算不同网络中节点间相似度,将 SimRank 应用于不同领域具体网络中实体间的相似度计算值得探索与尝试。

8.4　本　章　小　结

作为学者推荐系统和科研人员社群划分的重要基础,学者间相似度计算具有重要的理论价值和现实意义。SimRank 相似度计算方法基于与相似实体相连的实体具有相似性的基本假设,通过相似度的递归渗透从邻居节点一直发散到整个网络,增强相似度的计算效果。本章以学者为对象,以学者用到的关键词为属性,构建学者关键共现网络,实现 SimRank 算法充分挖掘网络中节点链接关系计算学者相似度。实验表明,学者相似度计算结果优于 AKCA 分析方法的 Ochiia 系数结果,与实际情况更加贴近。基于 SimRank 的学者相似度计算能较好地分析学者研究内容，有效提高学者间研究内容相似性的深度和准确性。

　　该方法的不足之处在于：没有考虑链接权重对相似度的影响，构建的学者关键词共现网络为无权网络；SimRank 相似度计算衰减系数 C 使得公式更加健壮，然而这种灵活性难以摆脱应用中主观判断的影响；由于缺乏统一标准和出于实验结果分析的需要，选择的学者与关键词数目有限；只分析了比较典型的聚类结果差异。基于网络链接结构的相似度计算方法和基于内容的相似度计算方法各有优劣，本章从实证角度研究 SimRank 相似度思想应用于学者关键词共现网络计算学者相似度的可行性和有效性。综合运用基于网络结构和基于内容的相似度方法计算学者相似度值得进一步探讨与研究。

第9章 基于本体的学术网络建模及学者关联分析

9.1 引　言

目前社会网络分析已经被广泛应用于网络社会关系发掘及隐性知识显性化中，通过社会网络信息来判断和解释信息用户的行为及态度，社会网络分析从一种隐喻成为一种现实的研究范式。然而社会网络分析的算法基本上应用的是图论的思想，侧重的是图拓扑结构的分析，而忽略了节点与节点间关系的语义信息。现实社会网络是非常复杂的，不仅体现在节点的多样性，也体现在节点间关系的多样性，甚至包括节点的属性及属性的层次关系。用传统图结构来表示异构社会网络不仅结构抽象、复杂，而且可理解性差。同时，这些数据由于没有语义表达，所以缺乏对描述逻辑等的支持，造成了应用的智能处理能力不高。如果我们能从大规模且貌似随意的数据中找到语义内容，那么就容易找到数据间的相关性，从而为进一步应用提供基础（吴超，2010）。本体是人工智能领域用来对知识进行描述和存储的一种建模工具，它对概念和关系进行了逻辑化的定义，使得计算机能够理解和推理。如果通过本体对社会网络进行建模，利用本体对社会网络节点和边进行标注，就可以将其变为一个包含丰富信息的语义图，从而可以运用新的方法对社会网络进行分析（de Castro and Grossman，1999）。本章探讨如何将本体理论应用于异构社会网络分析，构建基于本体的学术网络模型，提出基于本体的学者关联度分析方法，最后用一个计算语言学领域学术网络对语义社会网络以及学者关联分析方法的有效性进行验证。

9.2 研 究 现 状

本章主要研究基于本体的学术网络构建及学者关联测度问题。接下来，本章将从学术网络构建、学者关联测度及基于本体的社会网络研究这三个方面论述国内外研究现状。

9.2.1　学术网络构建

学术研究是一项以知识创造为目的的复杂的、高水平的脑力劳动。学术网络作为社会网络的一种，通常情况下，学术网络中的节点代表一种学术实体，有不同种类，如作为成果承载者的论文、著作，作为知识创造者及其集合的学者、研究机构甚至区域、国家，作为学术事件的期刊、会议、研讨会。学术网络中的边代表相同类型或者不同类型学术实体间的关系，如引用、共引、共被引、合作、文献耦合、共词等。下面，本小节将从学术网络类型、构建学术网络的数据来源及学术网络的表示方法三个方面综述学术网络构建研究。

不同网络行动者因不同的互动、交流或者相关关系构成不同的学术网络。学术网络的基本类型包括基于真实关系的合作网络、引用网络，以及基于节点相似性的共引网络、共被引网络、共词网络等。不同的学术网络类型用途不同，给学术网络研究带来独特的视角。

科研合作网络是一种重要的学术网络类型。它被广泛地用于探测科学合作关系结构及学者地位。合著关系相对引用关系，是一种更强、更直接的社会联系。一个早期合著网络的例子是 Erdős 数目项目。de Castro 和 Grossman（1999）计算了网络中所有数学家到匈牙利数学家 Erdős 的最小的合作关系链接数。Newman（2001）研究和比较了基于 Medline、SPIRES、NCSTRL 等数据库建立学者合作网络，并从实证与理论角度探讨它们的不同。Newman（2004c）又比较了生物医学、物理学、数学三个科研领域的学者合作网络，发现它们在度数分布等方面具有相似特征，而在平均度数和聚类系数方面又有区别。Li 等（2007）建立了一个以关系数量为权重的有权科研合作网络，并研究了关系权重与网络演化的关系。Sarigöl 等（2014）建立了一个计算机领域的学者合作网络，分析高被引作者中心性的不同，并提出一种机器学习分类法预测高影响力学者。学者合作网络是最重要的一种合作网络类型，除此之外，吕鹏辉和刘盛博（2014）将合作网络细化为三种类型，包括作者合作网络、机构合作网络和国家合作网络，并运用复杂网络和社会网络分析技术对这三种网络进行了横向对比。

节点间的知识流动构成了引用网络，反映人类知识的承接与继承。引用关系的发生不需要学者彼此认识并且可以跨越时间、空间的距离。根据节点类型的不同，常用引用网络可分为论文引用网络、期刊引用网络、学者引用网络和机构引用网络等。Garfield（1955）最早提出可利用文章间引用关系来分析科学文献与活动，并提出了科学引文索引（science citation index，SCI）的概念。随着研究的深入，研究者不再平均地看待所有引用关系。最著名的是采用 PageRank（Ma et al.，2008）及其他变型算法（Waltman et al.，2011）产生文章引用关系权重，生成以文章为节点的论文引用网络。期刊是引用关系研究的一个重要主体，探索不同科研领域的知识流动。最具开创性的是 Garfield（1972）以期刊为对象建立了期刊引用网络，来分析期刊在科学与技术交流中的重要作用并基于引用频率与影响力进行期刊评价。引用关系的研究逐渐扩展到了学者和机构。例如，Radicchi 等（2009）利用 *Physical Review* 期刊论文引用数据，基于学者间的归一化的引用次数创建了一个有权学者引用网络，并提出了一种基于分散算法的学者排序方法。Ding 和 Cronin（2011）建立了学者引用网络，分别通过被引用次数和被权威论文的引用次数发现受欢迎及权威学者。除了对学者引用行为的研究外，还可以通过机构间引用行为，探索机构层次的学术交流、机构影响力情况。Yan 和 Sugimoto（2011）建立了一个线性回归模型来研究机构间引用的行为。

合作与引用关系是由学者实际的交流和互动产生的。除此之外，还有人工基于属性共现产生相关关系而建立的学术网络，如共引网络、共被引网络、共词网络等。共引网络是指学术实体因共同引用同样的文献而形成的网络结构。Kessler（1963）提出了"文献耦合"这一个概念，可根据两篇论文共同引用的文献数量判断其关联程度。相反的，Small（1973）提出了"共引"概念。在这一概念下，两篇论文因被同样的文章共同引用而存在一种共被引关系，形成共被引网络。同引用关系一样，共引网络与共被引网络的节点不一定是论文，还可能是期刊（Ding et al.，2000）、学者（White and Mccain，1998）等。除此之外，还有因关键词在文章中共现而生成的共词网络。Mane 和 Börner（2004）利用论文间关键词共现关系，探索特定领域的主题知识结构。王晓光（2009）分析了共词网络的结构和演化过程。Milojević 等（2011）利用论文标题中关键词共现关系构建了一个文章共词网络，用于分析图情领域的认知结构及其演化趋势。

由以上研究可知，学术网络是存在多种节点和多种关系类型的社会网络。单一节点和关系的学术网络适用于对某一侧面的集中式、深入式探索，但不能对学术网络进行更全面的刻画。近年来，一些学者开始关注具有多种节点和关系类型的异质学术网络的构建问题。Rodriguez（2006）构建了一个三层的多关系学术网络来支持知识创造和传播的学术交流过程。该学术网络包含期刊层、论文层、学者层三层，每层包含一种节点类型。同一层节点和不同层节点间存在不同关系类型。例如，学者层中学者间存在合作关系，而学者层中的学者与论文层的论文间存在写作关系。J. Tang 等（2008）创建了用于学术网络抽取和挖掘的 ArnetMiner 系统，通过搜索引擎获取学者主页，从主页中抽取学者包括姓名、所属机构、研究兴趣、联系方式在内的个人信息，并与 DBLP、ACM（Association for Computing

Machinery，即计算机学会）、CiteSeer 中的出版物信息相整合，构建了一个包括学者、论文及论文来源的学术网络。

刘萍和陈枫琳（2013）运用社会资本理论，分别基于作者关键词耦合、合作关系和所属组织结构测度认知维度、关系维度和结构维度的关系强度，构建异构学术网络。

和社会网络一样，大多数研究者均基于图描述社会网络，并以矩阵的方法存储社会网络信息。但这种方式适合小规模、简单同质网络的表达，而不利于异质学术网络的建模和存储。除了图与矩阵的方式之外，邓少伟等（2013）利用实体联系图（entity relationship diagram）对学术网络进行抽象，并将网络信息存储在数据库中。但数据库的方式不支持对学术网络的动态建模，可扩展性差；无论从人还是机器的角度，可理解性不强；只能支持模型中的简单约束。

本小节对经典的学术网络类型，包括其起源和发展进行了总结。可发现，学术网络存在多种类型的节点和关系。一些研究者已尝试对异质学术网络的刻画。图与矩阵、数据库的方式均不能适应异质学术网络表达的需求，需要探索其他学术网络表达方式。

9.2.2　学者关联测度

学者关联分析是进行学术网络构建、相关学者推荐、链接预测、学术社区发现的基础。这项研究可分为三类。

第一种是仅基于学者属性相关性的方法，其潜在假设是具有相同或相似属性的学者是相似的。学者因属性相似而形成一种相关关系，构成属性共现网络。学者属性是学者的姓名、年龄、研究单位、研究兴趣等个人特征信息。学者的多种属性构成了刻画学者特征的个人档案。Yimam-Seid 和 Kobsa（2003）与 Vivacqua等（2009）均通过抽取学者个人档案，对个人档案进行相关性匹配分析测度学者关联性。学者的个人档案越相似，学者的相似性越强。学者的个人档案的来源可以是论文的关键词（Lee et al.，2011）、学者交流邮件挖掘内容（Campbell et al.，2003）和相应科研机构个人主页（Mockus and Herbsleb，2002）等。然而，由于没有考虑学者实际的交流，这种学者关联测度必然会造成信息的丢失。

第二种方法是基于学者的社会联系的学者相关性测度。社会联系是指因学者间实际交流产生的互动关系，如合作关系、邮件联系、会议交流等。这种测度方法经常被用在学者推荐、链接预测与学术社区发现中。Perugini 等（2004）认为推荐系统天然具有社会成分，一般来说，人们更愿意和与自己有特定关系的人交流而不是陌生人。Liben-Nowell 和 Kleinberg（2007）将大型合著网络划分为前后两个时间段，分别为训练集和测试集，在其上测试几种基于社会关系测度学者相关性的算法对学者可能的合著关系的预测效果，实验证明可以仅从网络的拓扑结构中对未来交流链接进行预测，并有较好的效果。Benchettara 等（2010）将分类方法应用在基于网络拓扑结构相似性的方法上生成学者推荐结果。Sun 等（2011）从 DBLP 数据集中抽取多维的学者关系特征构建异质学术网络，提出了一种基于拓扑结构的元路径模型，测度学者相关性，进行合作关系预测。经过试验评价发现基于多维关系的合作关系预测明显优于基于单关系的预测方法。虽然这类方法可以从学术网络拓扑结构角度揭示学者间真实社会联系的紧密程度，但却忽略了学者自身特征对关联性计算的贡献。

第三种方法是将学者属性相关性与社会联系相关性组合起来测度学者相关性。Cabanac（2011）通过学者论文标题匹配性来测度学者研究主题相似性，通过合作关系、会议交流来测度学者社会关系强度，将这二者结合起来进行相似学者推荐。人工评价的推荐效果要优于仅基于主题的学者推荐。Xu 等（2012）构建了一个包括学者专长的概念相似性网络层和学者关系网络层的两层网络模型，提出了一种整合学者专长与学者关系相似性的关联测度方法。Cabanac 与 Xu 等均将属性相似度和关系相似度直接相加得到融合的学者关联度。Y. M. Li 等（2012）采用语义分析、专长分析和关系分析以及一个改进的马可波罗链模型在一个知识论坛中进行相关学者推荐和专家发现。Yan 和 Sugimoto（2011）提出了一种在学者研究机构层次测度学者相关性的方法。研究者将学者的研究内容信息、学者社会联系信息及学者科研机构联系信息整合在一起，寻找可能的合作学者。Li 等及 Yan 和 Sugimoto 考虑了属性与关系的权重问题，为二者赋予不同系数。邓少伟等（2013）基于论文关键词计算学者属性相似度。而在测度学者相关性时，不但考虑两位学者的属性相似度，还整合了一位学者与另一位学者的合作学者的属性相似度。在关联学者推荐中同时考虑了属性相似与社会关系。综合学者属性和学者社会联系进行相关性测度的方法能够更全面地对学者的相关性进行测度。

基于单一关系和属性进行学者相关性测度的方法忽略了社会关系的复杂性和多样性。然而，无论是基于单个或多个属性，基于单维或多维社会关系还是二者相结合的学者关联性测度，各个维度都是相互独立的。学者需要对各个维度分别进行模型设计、测度方法设计、数据收集及计算。目前仍没有一个基于模型层次进行学者关系测度的整合框架。

9.2.3　基于本体的社会网络研究

基于本体的社会网络，又称语义社会网络研究，自 2005 年逐渐引起人们的重视。目前的研究还较不成熟，不同研究者对语义社会网络的定义不同。Cantador 和 Castells（2006）提出语义社会网络概念，是较早的研究者。他们认为包含语义信息的社会网络就是语义社会网络。他们基于本体建立了用户研究兴趣的知识库，并基于本体中概念的相似性来评估社会网络中用户偏好的相似性，以此来建立以用户兴趣相似度为边的社会网络。Jung 和 Euzenat（2007）提出的语义社会网络的定义有较大的影响力。他们提出了一个包括概念层、本体层、社会网络层的三层结构的语义社会网络结构。本体层的节点刻画的是社会网络中人的本体，边是不同本体间的相似性关系。概念层的节点为本体层中本体的概念，边为概念之间的相似度。刘臣等（2011）明确将语义社会网络定义为用本体表述的社会网络，包括本体层和社会网络层两层结构。目前语义社会网络一般是指利用语义网技术赋予社会网络计算机可理解的语义。然而综合近几年研究文献可以看出，语义社会网络缺少统一定义，现在基于本体技术进行的社会网络研究可归纳为以下三类：

基于本体的社会网络构建。将语义网技术用于社会网络的建模，并提供对异质数据源的信息抽取、聚集、存储和检索等。其一，利用本体整合异质数据源，抽取社会网络。Golbeck 和 Rothstein（2008）等利用 FOAF 本体抽取分散在不同社会网络中的用户模式，实现多网络聚集并讨论了整合对社会网络结构的影响。Mika（2005）建立了 Flink 系统对在线社会网络进行抽取、聚集和可视化，并对整合得到的社会网络划分得到基于 Web 展示的社区；Mika 还利用语义网技术完成对网页、著作、邮件列表等异质数据源的抽取和聚集，构建了一个更广泛的科学社区。这些研究提出，本体具有对社会网络的整合表达能力，而较少涉及对社会网络的建模。其二，利用本体对社会网络进行抽象和存储。Li 等（2013）利用语义网技术，进行学术信息抽取、存储和语义描述，建立了一个基于面向学者的社会网络云（scholar-oriented social network cloud，SOSN）本体的学术网络，用于对学术信息和学术关系的管理。刘臣等（2011）建立了一个简单的科研网络本体对社会网络数据进行语义标注。这类研究提示研究者可利用本体对异质网络进行表达，但却未关注本体的其他特性，如可推理性在社会网络构建中的作用。其三，用本体表达社会网络，并利用推理规则丰富社会关系。Lee 等（2012）在现有本体的基础上进行扩展，提供丰富的属性表达在线社会网络中的资源和关系，并定义规则通过推理方式丰富社会网络信息。但该学者针对的是在线社会网络，且缺乏通用性，并没有将研究上升到模型层次。

基于本体的社会网络分析，包括社会网络成员关系研究、社区发现、结构特性测度及社会网络可视化。

（1）基于本体的社会网络成员关系研究。在微观层面上，运用语义网技术，对社会网络进行成员的关系强度测度。Zhou 等（2008）为识别行动者之间的朋友关系,进行基于本体的异质社会网络聚合,提出概率语义模型(probabilistic semantic model,PSM)处理语义网络数据。Opuszko 和 Ruhland(2012)为分析社会网络中两个个体间的相似程度,基于分类主题、关系及属性相似性,提出一种根据预定义本体计算语义相似度的方法。Lee 等(2012)根据忠诚度、活跃度、共同性、亲密度四个维度,基于在线社会网络本体进行朋友关系强度测度。Oh 和 Yeom(2012)提出了一个抽取社会网络的方法,该方法的基础是根据预定义的本体测度得到人与人之间的关系强度。上述文献中的研究方法提示研究者可基于本体的概念间关系及利用本体推理特性,来测度社会网络关系,但仅仅适用某些具体应用场景,其通用性有待提高。并且没有针对学术网络的,缺乏基于本体测度学术网络成员关系通用框架。还有一些学者尝试基于本体模型测度社会网络成员相似度。Jung 和 Euzenat(2007)由本体包含概念的相似性得到本体的相似度,又由刻画社会网络行动者的本体的相似度,得到行动者间的相似程度。该方法考虑利用本体刻画社会网络的个人档案,但由于本体建设程度所限,较难找到具体应用场景,缺乏现实可行性。

(2)语义社会网络中的社区发现。Erétéo 等(2009)研究了语义社会网络的中观特性——社区结构,对在线社会网络进行了基于本体的表示,并提出了发现其中的在线社区和社会化标注活动的算法。

(3)语义社会网络结构特性测度。Erétéo 等(2009)提出了在语义网表示的社会网络中,如何利用查询语言测度社会网络结构特性,如度数、直径、中心性等指标。

(4)基于本体的社会网络可视化。吴鹏和李思昆(2009)提出了一种针对社会网络信息的领域本体模型,将社会网络信息领域的客观存在抽象为三个主要本体,即行动者、关系网络和群组,为社会网络信息可视化应用提供支持。随后,吴鹏和李思昆(2011)又提出了一种基于领域本体的社会网络可视化方法,能针对不同社会网络信息可视化应用进行扩展,克服了传统力导引布局算法在社会网络结构分析与可视化上的不足。

9.2.4　小结

本节综述了学术网络构建、学者关联测度和基于本体的社会网络研究这三个研究主题,并对网络构建和相关性测度的相关研究进行了重点讨论。在学术网络构建方面,传统的构建方法难以整合表达多种异质关系、模型与数据,满足学术网络抽象、整合、存储、扩展、检索的需求。Li 等(2013)、刘臣等(2011)提出了基于语义网技术的学术网络,但并没有对具体模型及学术网络背景下的语义社会网络构建进行明确的阐述。现有的相关性测度方法,一方面,各种关系类型的模型设计、测度方法设计、数据收集及计算是分离的，另一方面，也未有针对学术网络场景的、具有普适性的、基于本体的关联测度方法。目前仍缺乏一个整合的、面向学术网络的、通用的学者关系测度框架。

9.3　基于本体的学术网络构建

现实的学术网络是由学者、论文、会议、期刊等学术实体及其关系组成的，承载知识创造和交流的网状结构。学术网络是一种广义社会网络，除了包含人（学者）及其交流的社会网络信息外，还包含其他节点和非社会关系。学术网络是一种包含多种类型节点和联系的异质网络。现实学术网络中的节点可以是学者，也可以是知识的承载者——论文、专著、期刊或文集等，还可以是知识的交流中心，如会议、研讨会或其他学术活动。科研网络中的节点间的关系也不一样。可以是写作（学者与论文间）、录用（论文与会议间）、参与（学者与会议间）等。图9-1列出了庞大学术网络的一个微小局部。

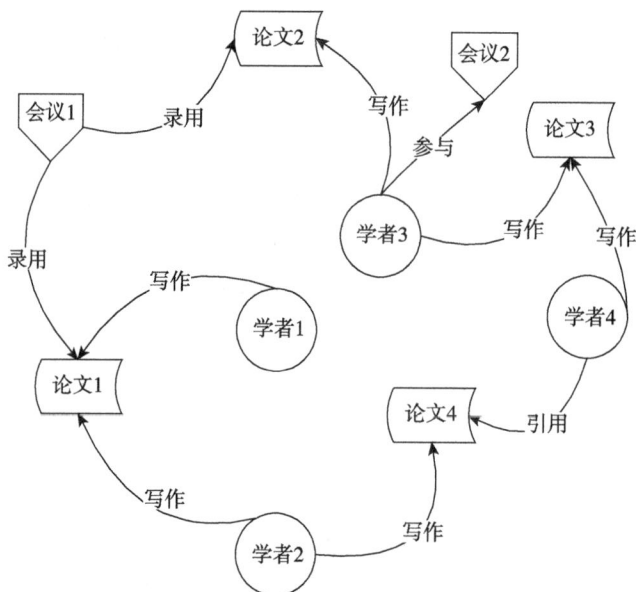

图 9-1　现实学术网络的局部

现有的学术网络模型通常是针对同质网络的，将学术网络建模为 $G = (V, E)$，V 表示网络的节点集合，E 表示网络中边的集合。一方面，该模型不能清晰地对现实学术网络中的多种节点和关系进行统一表达；另一方面，也难以满足关系推理、查询和扩展需求。本章研究基于本体对学术网络进行建模，对学术网络中的多节点、关系和属性进行统一的描述，并定义用于学者间多关系抽取，形成学者关系网络的推理机制。该模型构建所得的学术网络统一抽象和存储、计算机可理解、易于查询及扩展。

9.3.1 基于本体的学术网络建模

基于本体的学术网络如图 9-2 所示。其中最上层现实学术网络是由学术研究实体，包括学者、论文、会议等，以及它们之间的关系构成的异质网络。现实学术网络可以被表示为

$$G_h = \left(V_i, \quad E_j \right)$$

其中，G_h 表示异质的学术网络；V_i（i=1，2，…，n）表示网络中的第 i 种节点集合；E_j（j=1，2，…，m）表示网络中的第 j 种关系集合。

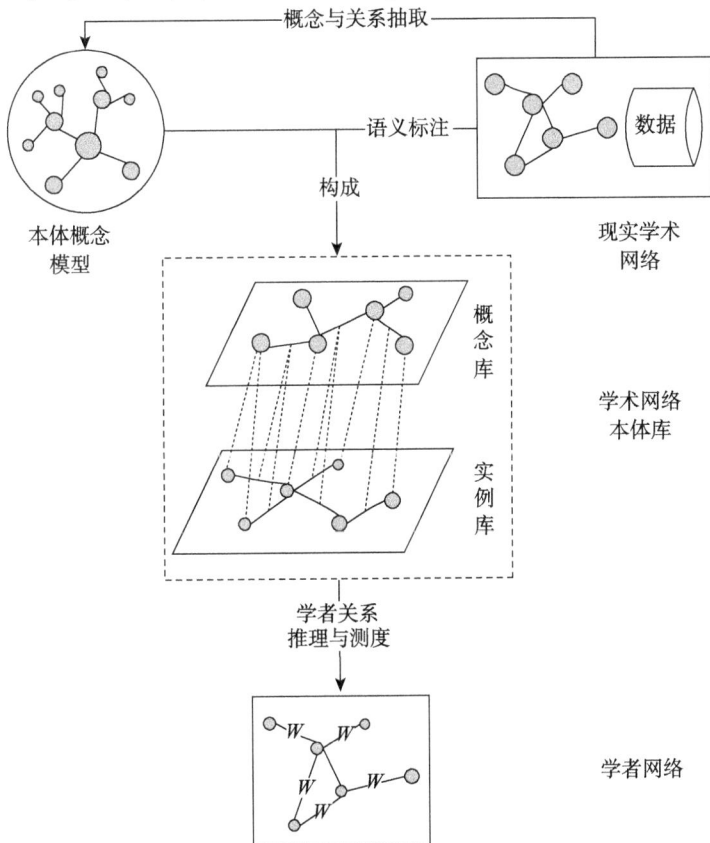

图 9-2 基于本体的学术网络

学术网络本体概念模型是对现实学术网络多种节点、关系和属性的抽象。它可以被表示如下：

$$O = \{C, \ A, \ P\}$$

其中，O 代表本体概念模型；C 表示现实学术网络 n 种节点即 n 个概念的集合；A 表示现实学术网络 m 种关系即 m 个概念间关系集合；P 是对概念进行约束的函数与公理集合。

本体库由概念库和实例库两部分构成。实例库是根据本体对现实学术网络进行的标注和存储。对于概念模型，可以使用 Protégé+OWL 进行系统规划，以 OWL 描述，对于学术实例，可以采用自动生成 OWL 文件等形式进行存储。

学者网络层是由学术网络中的学者以及他们之间的有权关系组成的一种网络结构。学者网络层可被表示如下：

$$SN = \{V_S, \ E_i, \ W_i\}$$

其中，SN 是学者网络层，学者网络由本体库经推理得到；V_S 是学术网络中的学者节点集合；E_i（i=1, 2, …, n）表示两个学者之间的第 i 种关系集合，如合作关系、引用关系等；W_i（i=1, 2, …, k）表示第 i 种关系的权重。

该模型的具体构建过程如下所示。

（1）本体概念模型构建。本体概念模型是对学术网络的抽象描述，是对现实学术网络进行概念化的本体建模过程。学术网络本体的构建相对简单，分析现实学术网络的节点、关系类型，得到本体的概念层次及概念间关系，并定义本体的概念约束。本体概念模型是学术网络数据抽取和语义标注的依据。本书采用 Protégé 作为概念模型编辑工具。

（2）数据抽取与语义标注，生成学术网络本体库。依据本体概念模型，从学术网络描述数据中获取实例，为实例属性设置属性值，建立实例间关联。即利用本体描述语言 OWL 或 RDFS 等对学术网络数据语义化标注。至此，学术网络本体库生成。本体库包括概念库和实例库两部分，其分别是对学术网络模型层次与数据层次的刻画。

（3）多维学者关系发现。本体概念模型中的关系有些存在于原始数据中，有的则隐藏在其他关系里。通过推理规则，对于特定的概念实例，可通过其已有属性推理出未知属性，丰富数据中的联系信息。学者间关系并没有直接存在，可通过推理规则，进行学者间关系的推理和发现。本书采用 jena 在 JAVA 环境进行本体推理。

（4）学者多维关联测度与学者网络构建。经过本体推理，发现了学者间的多维关系。但这些关系没有权重信息，是二元关系。通过基于本体概念模型的学者关联测度，构建由学者及其多维有权关系构成的学者关系网络。具体的学者关联度分析方法将在 9.4 节进行详细介绍。

9.3.2　本体概念模型

本体概念模型是指学术网络本体中的概念、概念间关系及约束，即 $O = \{C, A, P\}$。本体概念模型对现实学术网络多种节点、关系进行抽象，从概念级别描述现实学术网络。并且，可通过本体描述语言，如 OWL、RDFS 等，以计算机可理解的方式存储现实学术网络信息。学术网络本体概念模型中的概念和关系如图 9-3 所示。图 9-3 中省略了一些逆反关系。

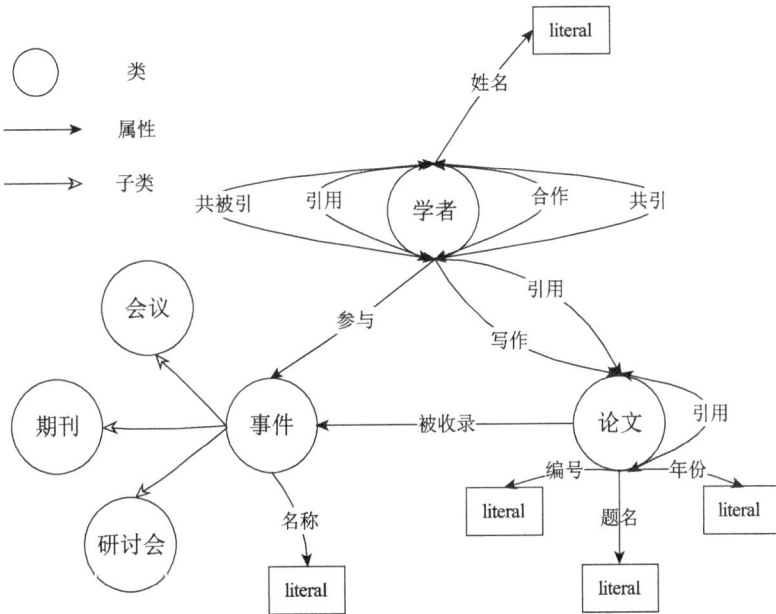

图 9-3　本体概念与关系

1）学术网络本体概念层次

本书抽取现实学术网络中的部分重要概念（类）。概念是指特定领域中表示观念、范畴或类的实体集合。本体概念包括本体的类及类的属性。这些重要概念（类）包括学者、事件、论文。其中，根据 Li 等（2013）在 MarcOnt 本体中的定义，事件是指发表或出版学术著作过程中的重要事件，包括期刊、会议、研讨会三个下层子类（图 9-4）。本书采用这种做法。

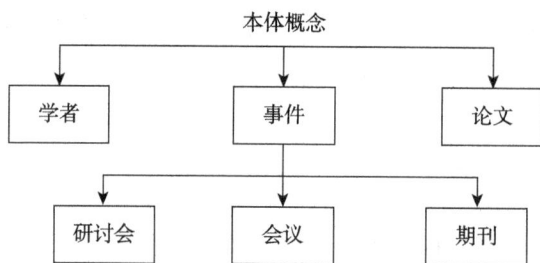

图 9-4　本体概念层次

2）概念间关系抽取

概念层次结构是本体的骨架，其血肉是属性形式存在的概念间关系（王昊和苏新宁，2009）。本书抽取现实学术网络中学者、论文、事件等实体的关系，建立概念间关系，约束概念间行为，最终生成本体概念模型。本体属性包括两大类，即对象属性（object property）和数值属性（datatype property）。

对象属性以某一概念的对象作为属性值，用于描述实例间关系。在这里，对象属性是对学术网络中节点间关系的描述。对象属性又分为同类对象属性和异类对象属性。同类对象属性以同种类型对象作为概念属性的值，描述的是学术网络中同种类型节点间的关系，如学者类之间的合作关系、引用关系、共被引关系、共引关系、共事件关系等。异类对象属性则以不同类型对象作为属性值，描述学术网络中不同类型节点间的关系，如学者与论文之间的写作关系、会议与论文之间的收录关系等。

数值属性是用于描述概念自身状态和结构等信息的属性，其取值仅与概念实例自身本质相关。数值属性用于对学术网络中节点属性的描述，如学者概念的姓名属性，论文概念的年份、题名、编号属性等。

通过本体概念层次建立和概念关系抽取，设计学术网络本体概念模型。模型设计完成后，需要用本体描述语言（如 OWL）对其进行形式化表述。本书采用在 Protégé 中输入本体概念模型的概念、关系和约束，转化成 OWL 文档的形式进行存储。部分本体概念模型 OWL 文件描述如图 9-5 所示。

9.3.3　基于本体推理的学者关系识别

学者网络层是由学术网络中的学者以及他们之间的有权关系组成的一种网络结构。通过制定本体推理规则，可自动发现和抽取隐含在现实学术网络数据中学者间的多维关系，形成学者网络。

```
<owl:Class rdf:ID="paper">
  <owl:disjointWith>
    <owl:Class rdf:ID="author"/>
  </owl:disjointWith>
  <owl:disjointWith>
    <owl:Class rdf:about="#venue"/>
  </owl:disjointWith>
  <rdfs:subClassOf>
    <owl:Restriction>
      <owl:onProperty>
        <owl:ObjectProperty rdf:ID="isWritenBy"/>
      </orl:OnProperty>
      <owl:someValuesFrom>
        <owl:Class rdf:ID="f_author"/>
      </owl:someValuesFrom>
    </owl:Restriction>
  </rdfs:subClassOf>
  <rdfs:subClassOf>
    <owl:Restriction>
      <owl:onProperty>
        <owl:FunctionalProperty rdf:ID="id"/>
      </owl:onProperty>
        <owl:cardinality rdf:datatype=http://www.w3.org/2001/XMLSchema#int>1
      </owl:cardinality>
      </owl:Restriction>
  </rdfs:subClassOf>
  <rdfs:subClassOf
  rdf:resource=http://www.w3.org/2002/07/owl#Thing"/>
</owl:Class>
```

图 9-5　本体概念模型 OWL 描述（部分）

　　在描述学术网络的数据中，一些关系是直接存在的，而另一些关系则需要通过其他关系推理得出。学者间存在多种维度的关系。他们可能合作同一篇文章，可能参与了同一个会议，可能存在相互间的引用等。但很多学者间关系并没有直接存在于学术网络数据中。例如，可以通过论文题录得知，两位学者是某篇论文的作者，但我们不能直接从数据中得知两个学者存在合作关系；又如，可通过题录和引文信息得知学者 A 是论文 A 的作者，学者 B 是论文 B 的作者，论文 A 引用了论文 B，但我们不能直接从数据中得知学者 A 与学者 B 间存在引用关系。这些关系需要通过推理规则由其他关系推理得出。通过本体推理规则的设定，可进行学者间关系的发现与学者关系网络的生成。

　　本书定义了用于学术网络中学者关系识别的推理规则，其中重要的推理关系如下所示。

（1）学者间的合作关系（collaborateWith）是指两名学者是同一篇论文的作者。定义合作关系的推理规则如下：

writes（? x1, ? y1）^writes（? x2, ? y1）→collaborateWith（? x1, ? x2）

（2）学者间共引关系（coCite）是指两名学者的论文均引用了同一篇论文。定义共引关系推理规则如下：

writes（? x1, ? y1）^writes（? x2, ? y2）^cites（? y1, ? y3）^cites（? y2, ? y3）→coCite（? x1, ? x2）

（3）学者间的共被引关系（coCited）是指两位学者的论文被同一篇论文引用。共被引关系的推理规则定义如下：

writes（? x1, ? y1）^writes（? x2, ? y2）^cites（? y3, ? y1）^cites（? y3, ? y2）→coCited（? x1, ? x2）

（4）学者间的引用关系（cites）是指某位学者的论文引用了另一位学者的论文。引用关系的推理规则定义如下：

writes（? x1, ? y1）^writes（? x2, ? y2）^cites（? y1, ? y2）→cites（? x1, ? x2）

（5）学者间的共事件关系（coAttend）是指两位学者共同参与了同一事件。共事件关系的推理规则定义如下：

attend（? x1, ? y1）^attend（? x2, ? y1）→coAttend（? x1? , x2）

这种推理所得的学者关系同本体概念模型描述的学术网络中的关系一样，仍然只是一种二元关系，只能表述某种关系的存在与否。在学者网络层中，通过对学者间的多维关系赋予权重信息，可以衡量学者间的关联强度。本书将在 9.4 节对基于本体模型的学者关联度分析进行具体介绍。

9.4　学者关联度计算

语义社会网络提供了对关系的语义描述，为关系的梳理、发现、强度计算提供了便利。本章在 9.3.1 小节基于本体的学术网络模型的基础上进行学者关联度分析。图 9-3 为科研网络本体概念关系网络图，显示了本体所包含的类、属性及其对应关系。社会网络中节点关系的计算一般只考虑单个维度，本章将基于本体考虑多维关系、多模实体对关系强度的影响。本章设计学者关联性测度流程，并以图 9-3 的本体概念关系为例，制定测度方法。

（1）根据图 9-3 中的本体概念关系，得到关系属性，也就是类间关系。

我们知道属性分为关系属性和对象属性。关系属性定义了本体内概念（类）

之间的交互作用（关系）；对象属性定义了本体内概念（类）的属性，属性可以赋值。例如，学者间的引用属性、学者与论文间的写作属性等就是关系属性。而诸如学者的姓名属性的则是实体属性，不属于类间关系。在该步骤中，将从图 9-3 中提取学术网络概念关系层中的关系属性。

（2）由（1）中的类间属性得到如表 9-1 所示的直接关系和间接关系，并按照不同方法测度其强度。

表 9-1　学者间直接关系与间接关系

类型	关系	强度计算依据
直接关系	合作关系、引用关系	关系频次
间接关系	共被引关系、共引关系、共事件关系	相关实体匹配度

学者的直接关系是直接连接两个学者实体的关系，即已存在于社会网络层中的关系。直接关系由定义域和值域均为学者类的类间属性得到，如由合作属性得到学者间的合作关系。

学者的间接关系是指两位学者通过与其他相同实体的连接，间接产生的关系。例如，学者 A 与学者 B 均被学者 C 引用，那学者 A 和学者 B 也存在共被引关系。这类关系没有直接存在于社会网络层，需要由若干个关系属性经本体推理得出。

直接关系与间接关系强度的计算方法有所不同。学者间直接关系根据连接两个实体的关系数量计算其强度，而间接关系的强度计算则依据连接两位学者的其他实体的匹配程度。当然，两种关系计算方法都是需要归一化的。归一化的方式可以通过除以两个学者与其他所有学者关系或所有连接实体中的数量最大值、数量最小值、并集模数等进行。具体归一化方式可视情况选择。

事实上，由于推理规则的存在，直接关系和间接关系是可以任意转换的，任何学者关系类型用这两种计算方法均可。

（3）融合多维度关系计算学者间的关联性强度。

按照关系的语义，可将表 9-1 中的关系划分为引用关系维度、合作关系维度、共事件关系维度三个维度。由学者直接关系与间接关系得到对应维度的关系强度，再由各个维度的关系强度得到总体的学者相关性强度。以下是融合学者各个维度关系，计算学者的综合相关性强度的过程。

9.4.1　引用关系强度

引用发生在学者的直接知识产物——著作中，代表一种学者间知识的流动和传承。引用关系由学者著作间引用生成，具体包括共被引关系、直接引用关系和共引关系这三种类型。

1）共被引关系

若学者 A 写有论文 A，学者 B 写有论文 B，而论文 A 和论文 B 均被论文 C 引用，则学者 A、学者 B 之间产生共被引关系。共被引是一种无向关系。该推理过程如 9.3.3 小节（3）所示。

依据直接关系和间接关系强度计算的原则，由于共被引关系是一种间接关系，学者关系强度要由两个学者引用论文的匹配度决定。u_A 和 u_B 分别表示学者 A 和学者 B，学者 A 与学者 B 的论文集合分别为 cd_A 和 cd_B。学者 A 和学者 B 之间的共被引关系强度 $S_{c1}(u_A,\ u_B)$ 可计算如下：

$$S_{c1}(u_A,\ u_B) = \frac{\left|cd_A \bigcap cd_B\right|}{\min\{|cd_A|,|cd_B|\}} \tag{9-1}$$

2）直接引用关系

若学者 A 写有论文 A，学者 B 写有论文 B，而论文 A 引用了论文 B，则学者 A 引用了学者 B。反之亦然。引用关系是一种有向关系。互引关系的推理过程如 9.3.3 小节（4）所示。

在此本书考虑两个方向的引用关系，将二者强度之和作为直接引用关系强度。引用是一种直接关系，因此由一学者对另一学者的引用次数决定其强度。学者 A 引用学者 B 的论文集合和学者 B 引用学者 A 的论文集合分别用 c_{AB} 和 c_{BA} 表示。学者 A 与学者 B 之间直接引用关系强度 $S_{c2}(u_A,\ u_B)$ 计算如下：

$$S_{c2}(u_A,\ u_B) = \frac{|c_{AB}|}{|cd_B|} + \frac{|c_{BA}|}{|cd_A|} \tag{9-2}$$

3）共引关系

若学者 A 写有论文 A，学者 B 写有论文 B，论文 C 均被论文 A 和论文 B 引用，则学者 A 和学者 B 之间存在共引关系。共引关系也是一种无向关系，其推理过程如 9.3.3 小节（2）所示。

由于共引关系同共被引关系一样，是一种间接关系，所以用学者引用论文的匹配程度来计算其强度。学者 A 和学者 B 引用论文集合分别为 c_A 和 c_B，他们的共引关系强度 $S_{c3}(u_A,\ u_B)$ 可计算如下：

$$S_{c3}(u_A,\ u_B) = \frac{\left|c_A \bigcap c_B\right|}{\left|c_A \bigcup c_B\right|} \tag{9-3}$$

作者共被引作为一种比作者共引更常用的指标，本书认为它相比共引更能体现学者间关联。因此计算作者共被引和作者共引的分母分别设定为 $\min\{|cd_A|,|cd_B|\}$、$|c_A \bigcup c_B|$，共被引关系的相对权重比共引关系更高。

最后学者 A 和学者 B 的引用关系强度 $S_c(u_A,\ u_B)$ 计算如下：

$$S_c\left(u_{\mathrm{A}},\ u_{\mathrm{B}}\right)=S_{c1}\left(u_{\mathrm{A}},\ u_{\mathrm{B}}\right)+S_{c2}\left(u_{\mathrm{A}},\ u_{\mathrm{B}}\right)+S_{c3}\left(u_{\mathrm{A}},\ u_{\mathrm{B}}\right) \tag{9-4}$$

9.4.2　合作关系强度

合作关系是由学者之间合著论文而形成的关系。当两位学者产生合作时，他们通常具有研究观点的相似性。它是学者间的一种直接的强关系。

由于本书将合作关系定义为直接关系，其强度应由学者的合作次数决定，而合作次数等于学者合著的论文数量。若学者 A 和学者 B 写作论文集合分别为 p_{A} 和 p_{B}，合作论文集合为 p_{AB}，则学者 A 和学者 B 的合作关系强度 $S_{\mathrm{co}}\left(u_{\mathrm{A}},\ u_{\mathrm{B}}\right)$ 可计算如下：

$$S_{\mathrm{co}}\left(u_{\mathrm{A}},\ u_{\mathrm{B}}\right)=\frac{\left|p_{\mathrm{AB}}\right|}{\min\left\{\left|p_{\mathrm{A}}\right|,\left|p_{\mathrm{B}}\right|\right\}} \tag{9-5}$$

9.4.3　共事件关系强度

共同参与关系是指学者共同参与同一次会议、同一个研习会，在同一个期刊上发布文章，即学者共同参与同一事件而形成的关系。共事件关系的强度反映了学者彼此进行交流的频率。其推理过程如 9.3.3 小节（5）所示。

共事件关系是一种间接关系，那么其强度应当由两个学者参与事件的匹配程度决定。若学者 A 和学者 B 参与事件集合分别为 e_{A} 和 e_{B}，则他们的共事件关系强度 $S_a\left(u_{\mathrm{A}},\ u_{\mathrm{B}}\right)$ 可计算如下：

$$S_a\left(u_{\mathrm{A}},\ u_{\mathrm{B}}\right)=\frac{\left|e_{\mathrm{A}}\bigcap e_{\mathrm{B}}\right|}{\left|e_{\mathrm{A}}\bigcup e_{\mathrm{B}}\right|} \tag{9-6}$$

9.4.4　学者关联度

融合以上三个维度，学者 A 与学者 B 关联度可计算如下：

$$S\left(u_{\mathrm{A}},\ u_{\mathrm{B}}\right)=\beta_1\times S_c\left(u_{\mathrm{A}},\ u_{\mathrm{B}}\right)+\beta_2\times S_{\mathrm{co}}\left(u_{\mathrm{A}},\ u_{\mathrm{B}}\right)+\beta_3\times S_a\left(u_{\mathrm{A}},\ u_{\mathrm{B}}\right) \tag{9-7}$$

其中，β_1、β_2、β_3 分别是三个维度的权重。需要指出的是，计算权重 β_1、β_2、β_3 并没有绝对确定的值。权重会随着不同的需求和不同应用场景而变化。在极端情况下，β_1、β_2、β_3 中某一个为 1，其他为 0，则变成了单维度的相关性计算。本章估计各关系的相对重要程度，分别对 β_1、β_2、β_3 按 0.4、0.4、0.2 赋值。

9.5　实证分析

　　本章将以一个计算语言学领域的学术网络为例进行实证研究，验证以上方法的可行性和有效性。主要工作包括基于本体的学术网络构建、测度网络特征及学者关联度实验的分析和讨论。

9.5.1　学术网络构建结果

　　本节将依据 9.3 节所述的基于本体的学术网络构建方法，构建学术网络。

1）学术网络分析

　　本章以一个计算语言学领域学术网络为研究对象。计算语言学是从机器计算角度来对语言进行科学研究的学科。它的研究兴趣是为各种语言学场景建立计算模型。这些模型可以是"基于知识和经验"（人工产生）的，也可能是"数据驱动"（统计或实验）的。ACL 的会员是计算语言领域的重要学者，这些学者是计算语言学研究的主要力量。在该领域范围内，他们有各自的研究兴趣，他们的研究成果以著作的形式产出。在独立钻研的同时，他们也会相互合作，这在项目合作与著作合著中得到体现。学者间也会互相参考和学习，著作间的引用关系反映了计算语言学领域知识在学者间的继承和传播。学者会在相关的学术会议、研讨会中彼此交流，相互探讨。他们组成了一个跨地域的、以计算语言学为主题的科研网络。

　　计算语言学科研网络的描述数据收集相对较易。ACL 会员信息数据在其官网上有专用的数据库存储。我们采用的数据来源于 2008～2012 年，发表在 ACL 事件（相关的学术会议、研讨会、期刊参见表 9-2）上的论文题录信息，包括名称、作者、来源（事件）、年份，以及论文之间的引用关系等。19 424 篇论文、11 524 位作者、13 个会议、326 个研习会、3 个期刊的信息被收集到这份数据集中。该数据集已对作者重名问题进行了处理。

表 9-2　学术网络构建的数据源

数据源类型	数量	详情
会议	13	SEM、ACL、ANLP、COLING、CONLL、EACL、EMNLP、HLT、IJCNLP、INLG、LREC、MUC、NAACL
研讨会	326	ACL-2012 Special Workshop on Rediscovering 50 Years of Discoveries、ACL-IJCNLP: Student Research Workshop papers 等 326 个
期刊	3	AJCL、CL、TACL

2）数据语义化标准

　　本章按照 9.3 节的基于本体的学术网络模型，在 Protégé 中创建学术网络本体的概念、属性和约束，并将计算语言学科研网络的描述数据添加到本体实例中。目前，Protégé 创建实例仍难以批量化，只能采取手动输入的形式。而本章实验涉及的数据量较大，难以采取逐个人工输入 Protégé 创建实例的形式。因此，本章在 Protégé 中人工创建少量实例，生成 OWL 数据。之后编写 JAVA 程序，按照 OWL 数据文件的格式，对数据进行格式转换，以此完成社会网络数据的语义标注工作。图 9-6 为部分社会数据 OWL 语言描述。

```
<paper rdf:ID="paper_1">
<year rdf:datatype=http://www.w3.org/2001/XMLSchema#int>
2010</year>
<isWrittenBy>
 <s_author rdf:ID="author_2">
    <name rdf:datatype="http://www.w3.org/2001/XMLSchema#string"
    >Sontag,David</name>
 <writes rdf:resource="paper_1"/>
 </s_author>
</isWrittenBy>
<isAcceptedBy rdf:resource="#conference_13"/>
<title rdf:datatype="http://www.w3.org/2001/XMLSchema#string">
      On Dual Decomposition and Linear Programming Relaxations for Natural Language Processing</title>
<isWrittenBy>
 <f_author rdf:ID="author_1>
   <name rdf:datatype="http://www.w3.org/2001/XMLSchema#string">
   Rush, Alexander M.</name>
   <writes rdf:resource="#paper_1"/>
 </f_author>
</isWrittenBy>
<isCitedBy rdf:resource="#paper_2"/>
<isWrittenBy>
 <f_author rdf:ID="author_4">
    <writes rdf:resource="#paper_1"/>
   <name rdf:datatype=http://www.w3.org/2001/XMLSchema#string>
   Jaakkola, Tommi</name>
 <f_author>
</isWrittenBy>
<isWrittenBy>
 <f_author rdf:ID="author_3">
   <writes rdf:resource="#paper_1"/>
  <name rdf:datatype="http://www.w3.org/2001/XMLSchema#string">
  Collins, Michael John</name>
 </f_author>
</isWrittenBy>
<id rdf:datatype="http://www.w3.org/2001/XMLSchema#string">
D10-1001</id>
</paper>
```

图 9-6 社会数据 OWL 描述（部分）

3）关系推理和发现

本章实验所采用的原始数据来自存储在数据库中的论文题录信息及论文引用信息。相对于学术网络本体中的概念与属性，原始数据中的关系并不全面，因此语义标注结果中的关系也并不完整。不存在的关系属性可以从已存在的关系属性中推理得出。可以先根据本体中的公理集合，完成关系推理，再将推理结果并入 OWL 数据集中。

construct｛?author 2 research:co_author?author1｝

where｛

?author1 research:write paper1

?author2 research:write paper1

｝

以上代码段即用 SPARQL（simple protocol and RDF query language，为 RDF 开发的一种查询语言）表述的关系推理过程，写作（？学者 A，？文章 A）∧写作（？学者 B？文章 A）→合作（？学者 A？学者 B）。推理完成后，关系种类数量的变化如表 9-3 所示（一些关系的逆反关系被省略了）。表 9-3 中的加粗字体为新发现关系。可见，通过本体概念网络层的推理规则，丰富和扩展了学术网络中的节点间关系。通过关系推理，发现了学者间的合作、引用、被引、互引、共事件等多维度关系，形成异质的学者关系网络。

表 9-3　基于推理的关系发现

类名	推理前	推理后
学者	姓名	姓名、**写作**、**合作**、引用、**被引**、互引、**共被引**、**参与**、**共事件**
论文	编号、题名、引用、被收录、作者、年份	编号、题名、引用、被收录、作者、年份、**共被引**、互引、**被引**
事件	名称、时间	名称、时间、**收录**、**参与学者**

经过以上三个步骤，为基于本体的学术网络模型增添了具体实例。至此，一个计算语言学领域的基于本体的学术社会网络构建完成。

9.5.2　学者关联度分析

本小节将按照 9.4 节提供的方法，进行学者关联度分析实验，对实验结果进行讨论和分析。为了简单起见，只考虑论文的第一作者和第二作者。

首先，按照 9.4 节提供的方法筛选出本体概念网络层中的关系属性，接着将这些关系属性划分为直接联系和间接联系，最后生成各种联系的计算公式。在本章的情景下，这些学者间的联系被划分为三个维度，分别是引用维度、合作维度及共事件维度。引用维度由共引关系、共被引关系、互引关系得到，合作维度由合作关系得到，而共事件维度则由共事件关系产生。这三个维度融合得到学者综合相关性强度。

1. 实验结果

利用 SPARQL 查询出学术网络中发文量（学者为第一作者或第二作者）最高的 50 名学者，计算其两两相关性强度，得到 1 225 对学者相关性强度值。为使各维度具有可比较性，对各维度进行归一化后才进行多维度融合。

为了评价学者关联度计算效果，表 9-4 列出这 50 名学者间关联性值最大的前 30 对学者信息。

表 9-4 关联度最大的 30 对学者

序号	学者 A	学者 B	共被引	互引	共引	引用	合作	共事件	关联度
1	Victor W. Zue	Lynette Hirschman	0.419	0.271	0.145	1.000	0.875	0.238	0.798
2	Ehud Reiter	Anja Belz	0.417	0.206	0.201	0.986	0.656	0.512	0.759
3	David D. McDonald	James Pustejovsky	0.327	0.165	0.056	0.637	1.000	0.109	0.677
4	Beth M. Sundheim	Ralph Grishman	0.557	0.085	0.025	0.789	0.716	0.238	0.650
5	Richard Johansson	Alessandro Moschitti	0.125	0.130	0.223	0.549	0.829	0.296	0.610
6	Marilyn A. Walker	Diane J. Litman	0.297	0.123	0.183	0.708	0.583	0.352	0.587
7	Srinivas Bangalore	Aravind K. Joshi	0.412	0.070	0.143	0.735	0.539	0.238	0.557
8	Lynette Hirschman	Ralph Grishman	0.268	0.092	0.077	0.497	0.677	0.389	0.547
9	Brian Roark	Mark Johnson	0.291	0.067	0.152	0.590	0.389	0.379	0.467
10	Hiyan Alshawi	Manny Rayner	0.211	0.066	0.075	0.390	0.404	0.247	0.367
11	Ted Pedersen	Rada Mihalcea	0.381	0.018	0.113	0.593	0.175	0.273	0.362
12	Inderjeet Mani	James Pustejovsky	0.065	0.044	0.077	0.181	0.606	0.199	0.354
13	Paul S. Jacobs	Jerry R. Hobbs	0.157	0.024	0.056	0.246	0.000	0.887	0.276
14	Mark-Jan Nederhof	Mark Johnson	0.359	0.023	0.082	0.531	0.000	0.278	0.268
15	Paul S. Jacobs	Ralph M. Weischedel	0.157	0.046	0.040	0.252	0.000	0.819	0.265
15	Joakim Nivre	Richard Johansson	0.302	0.081	0.085	0.537	0.000	0.223	0.259
17	Eric Brill	Robert C. Moore	0.174	0.012	0.064	0.262	0.210	0.346	0.258
18	Ralph M. Weischedel	Jerry R. Hobbs	0.058	0.016	0.078	0.137	0.000	1.000	0.255
19	Philipp Koehn	Dekai Wu	0.428	0.022	0.077	0.611	0.000	0.000	0.244
20	Eric Brill	Kenneth Ward Church	0.190	0.013	0.126	0.361	0.000	0.469	0.238
21	Eric Brill	Ralph M. Weischedel	0.208	0.031	0.056	0.317	0.000	0.473	0.221
22	Alexander Koller	Claire Gardent	0.164	0.140	0.075	0.425	0.000	0.249	0.220
23	Philipp Koehn	Robert C. Moore	0.296	0.011	0.072	0.424	0.000	0.247	0.219
24	Lynette Hirschman	Paul S. Jacobs	0.100	0.006	0.000	0.080	0.000	0.920	0.216
25	Hiyan Alshawi	Srinivas Bangalore	0.098	0.047	0.064	0.210	0.202	0.229	0.211
26	Kenneth Ward Church	Ralph M. Weischedel	0.225	0.004	0.044	0.291	0.000	0.446	0.206
27	Ted Pedersen	Eneko Agirre	0.179	0.059	0.106	0.380	0.000	0.263	0.205
28	Kemal Oflazer	Eric Brill	0.214	0.028	0.064	0.333	0.000	0.352	0.203
29	Inderjeet Mani	Eduard Hovy	0.275	0.025	0.034	0.367	0.000	0.276	0.202
30	Diane J. Litman	James F. Allen	0.153	0.015	0.025	0.190	0.146	0.316	0.198

虽然计算语言学领域的重要学者分散在世界不同地区，但他们之间仍然存在

较强的关联性，并形成了一种网络结构，如图 9-7 所示。图 9-7 中学者间连边的粗细代表其关系强度大小。

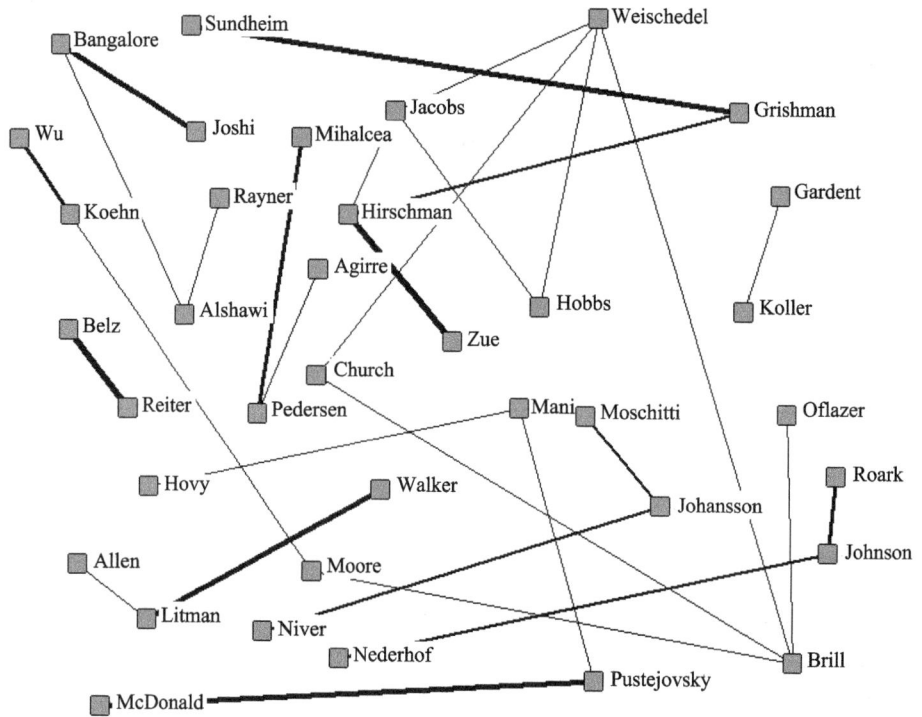

图 9-7　重要学者关系图

为了尝试从单个学者角度观察观察实验结果，本章选择发文量最大的学者 Ralph Grishman，测度其他 49 名学者与他的关联强度，推荐与其关联度最大的 5 名学者，分别是 Beth M. Sundheim、Lynette Hirschman、Tomek Strzalkowski、Ralph M. Weischedel、Paul S. Jacobs。

2. 讨论与分析

（1）基于本体的行动者间关系测度从多重角度对行动者关系进行观察，减少了单维关系测度的片面性与遗漏，并降低了结果的偶然性。

学者间的综合相关性强度是融合三个维度得到的。本章选取了领域内关系最强的 30 对学者，这些学者对有可能在各个维度均具有较高的关系强度，也有可能因为某维度强度很高，最终都呈现较强的综合相关性。这使得在普通单关系测度时可能被忽略的重要关系能在综合关系测度时被发现。

相关性排名第 1 的学者 Victor W.Zue 和 LynetteHirschman 的情况属于前者。他们的基本信息如表 9-5 所示。Victor W.Zue 和 LynetteHirschman 引用了 12 篇相

同的文献，13 篇文献共同引用了他们，并 10 次引用了彼此。他们还曾有过 3 次合作，有共同参加 2 个相同学术会议的经历。在表 9-4 中可观察到，Victor W.Zue 和 LynetteHirschman 的关联度、引用关系、合作关系、共事件关系强度分别排在第 1 位、第 1 位、第 2 位和第 23 位。

表 9-5　两学者基本信息

学者	发文量	引用量	被引量	互引量	参与事件数
Victor W.Zue	18	20	31	2	2
Lynette Hirschman	31	75	157	8	10

虽然某种关系略弱，但因为一些关系较强，所以学者间仍存在较大的关联度。例如，关联度排名第 13 的学者 Paul S.Jacobs 和 Jerry R.Hobbs。这两名学者间未存在合作关系，但有较强的共事件关系。排名 19 位的学者 Philipp Koehn 和 Dekai Wu 的合作关系及共事件关系均为 0，但他们有较强的引用关系。

表 9-6 中列出了与 Ralph Grishman 学者关联度最大的 5 名学者。本节分别从引用维度、合作维度、共事件维度、学者关联性维度推荐相似性最大的 5 名学者。比较这 4 种结果，可发现：合作维度推荐结果仅有 2 名学者，有很大遗漏；引用维度和共事件维度结果中均存在没有被任何其他维度推荐的结果，如引用维度的 Guodong Zhou，共事件维度的 Kathleen R. McKeown 等。事实上，这两位学者在其他维度上与 Ralph Grishman 的相似性均很低。而这种情况容易产生偶然性的结果。

表 9-6　相似性最大的学者推荐

引用	合作	共事件	关联性
Beth M. Sundheim	Beth M. Sundheim	Ralph M. Weischedel	Beth M. Sundheim
Lynette Hirschman	Lynette Hirschman	Tomek Strzalkowski	Lynette Hirschman
Guodong Zhou		Paul S.Jacobs	Tomek Strzalkowski
Tomek Strzalkowski		Kathleen R. McKeown	Ralph M. Weischedel
Paul S.Jacobs		Lynette Hirschman	Paul S.Jacobs

下面分别从学者关联度、引用维度、合作维度及共事件维度对这 30 组学者的关系强度按照降序排列，如图 9-8 所示。从图 9-8 中可以观察到，四种分析结果的趋势较为一致，而学者关联度分析较其他单维度分析趋势更为平缓。引用维度、合作维度及共事件维度均存在强度值为 0 或者接近 0 的值。关联度分析相对于其他方法，测度更加全面。

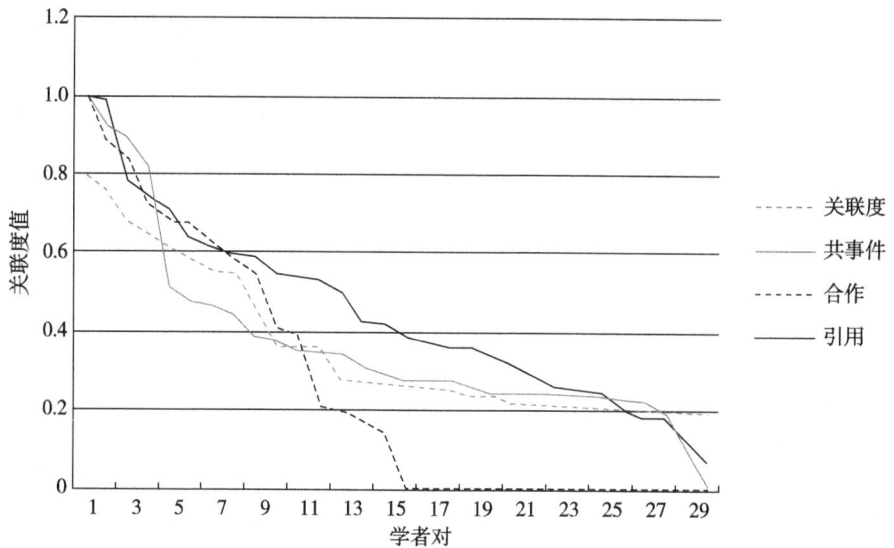

图 9-8　四种关系强度降序排列

　　尤其对于合作关系，后 15 对学者的合作强度均为 0。事实上，前 15 对学者，共有 27 人与其他高发文量学者进行了合作，且合作对象基本固定为一名学者。说明对于计算语言学领域的大多数核心学者来说，他们之间的联系体现的主要方式并不是实际的合作，而更多以引用的方式传承知识，彼此影响。而仅基于合作关系的学者相似性测度则会遗漏其他重要信息。

　　（2）分散在不同地理位置的学术网络中的重要行动者及其关联组成了一种网络结构，可以发现处于网络的中心位置的关键学者。

　　如图 9-7 所示的网络结构是计算语言学领域科研网络的一个子网络。这个网络是不连通的。例如，联系强度排名第 2 的学者 Ehud Reiter 和 Anja Belz 只与彼此存在联系。学者 Alexander Koller 和 Claire Gardent 也是如此。还有一些学者则处于网络的中心，与其他较多学者存在联系。本章选取的 50 名学者除是 ACL 的会员外，还是在计算语言学重要期刊上发文量最多的学者，在某种程度上，可代表计算语言领域研究的较高水平。表 9-7 列出了与多个重要学者相关联的中心学者。这些学者通过与更多重要学者的联系，加快了计算语言学核心知识的交流与共享，提升了知识传播与进步的速度。

表 9-7　中心学者

中心作者	关联学者
Eric Brill	Robert C. Moore Kenneth Ward Church Ralph M. Weischedel Kemal Oflazer

续表

中心作者	关联学者
Ralph M. Weischedel	Eric Brill Kenneth Ward Church Paul S. Jacobs Jerry R. Hobbs
Lynette Hirschman	Victor W. Zue Ralph Grishman Paul S. Jacobs
Paul S. Jacobs	Jerry R. Hobbs Ralph M. Weischedel Lynette Hirschman

中心学者 Ralph M. Weischedel 与其他 4 位学者发生强关联主要是因为该学者与其他学者有强度较高的共事件关系，排名分别为第 1 位、第 4 位、第 6 位和第 8 位。Ralph M. Weischedel 经常参加计算语言学领域的研讨会和会议。其中，事件共 30 次，包含 14 种不同事件。Paul S. Jacobs 成为中心学者的原因与其类似。

尽管 Eric Brill 除与 Robert C. Moore 有合作外，与其他 3 位学者的合作强度为 0，但是与其他学者之间引用与共事件关系较强，使之成为中心学者。

类似的，Lynette Hirschman 与他人有较高的合作关系与引用关系强度。因此该学者虽然参与事件不多，且与 Victor W. Zue 等共事件关系不强，但仍是中心学者。

（3）研究兴趣是学者的一个重要属性。本章并没有将研究兴趣抽象为本体概念用于学者关联度计算，但实验结果显示，学者关联度分析可以用于揭示学者的研究兴趣相似性。

计算语言学范围广泛，包含多种研究分支。不同学者的研究兴趣存在较大差异。本章收集 50 名学者间关联度最强的 5 对学者的研究兴趣，如表 9-8 所示。这些研究兴趣主要收集自个人主页，ArnetMiner 提供的学者研究兴趣适当作为补充。可以看出，Victor W. Zue 和 Lynette Hirschman 的共同研究兴趣为计算语言在医学中的应用与自然语言认知；Ehud Reiter 和 Anja Belz 研究兴趣为数据文本转换与自然语言自动生成；David D. McDonald 的研究方向为词汇推理与空间描述，与此同时，James Pustejovsky 着重于研究定性时序、空间推理与词汇生成理论；Ralph Grishman 与 Beth M. Sundheim 研究重点在于自然语言处理，Ralph Grishman 热衷于信息抽取，Beth M. Sundheim 侧重信息抽取系统评价话题；Alessandro Moschitti 的研究方向包括在线学习及语义角色标注，Richard Johansson 则与 Alessandro Moschitti 相似。

表 9-8 学者研究兴趣

序号	学者	研究兴趣
1	Victor W. Zue	spoken language recognition（口语识别）、medical informatics（医学信息学）、education informatics（教育信息学）
1	Lynette Hirschman	language recognition（语言识别）、natural language processing（自然语言处理）、biomedical informatics（生物医学信息学）
2	Ehud Reiter	natural-language generation（自然语言生成）、data-to-text（数据到文本）、multimodal systems（多模式系统）、automatic generation（自动生成）
2	Anja Belz	natural language generation（自然语言生成）、data-to-text generation（数据到文本生成）、automatic generation（自动生成）、formal models of natural language（自然语言的形式模型）
3	David D. McDonald	natural language generation（自然语言生成）、lexical inference（词汇推理）、spatial description（空间描述）
3	James Pustejovsky	natural language processing（自然语言处理）、lexical semantics（词汇语义学）、generative lexicon theory（生成词库理论）、qualitative temporal and spatial reasoning（定性时空推理）
4	Beth M. Sundheim	natural language & speech processing（自然语言和语音处理）、human-computer interaction（人机交互）、performance evaluation：information extraction system evaluation（性能评价：信息抽取系统评价）
4	Ralph Grishman	natural language processing（自然语言处理）、information extraction（信息抽取）
5	Richard Johansson	semantic role labeling（语义角色标注）、online learning（在线学习）、automatic annotation（自动标注）
5	Alessandro Moschitti	semantic role labeling（语义角色标注）、online learning（在线学习）、text categorization（文本分类）、semantic modeling（语义建模）

由此可知，关联强度较高的学者间的研究兴趣呈现出很高的相似性。本章的学者相关性强度计算并没有涉及学者的研究兴趣和领域知识。这说明综合节点多维度关系得到的相似性与节点本身属性相似性存在一致性。本章提出的基于本体的学者关联度分析可在一定程度上揭示学者间专长知识、研究兴趣的关联。

9.6 本 章 小 结

现实的学术网络是一种包含多种节点和关系的异质网络。大多数学者对学术网络的建模仅是针对单种节点和关系的同质网络的。为了对异质学术网络进行统一建模，并从纷繁复杂的学术网络中发现和测度学者关系，本章构建了基于本体的学术网络模型，以对异质网络中的节点和关系进行统一描述，满足查询与可扩展性需求。同时，基于本体推理规则进行学者间多维关系的发现，设计了一种基于概念关系的学者关联度分析方法，并将以上方法应用于一个计算语言学领域学术网络上进行实证研究。实证研究结果验证了研究方法的可行性和有效性。学者关联度分析结果与学者间的研究兴趣相似是一致的。

本章虽然对基于本体的学术网络构建和学者关联度分析进行了一定程度的探索，但也存在不足。未来的研究工作可以从以下两个方面展开：

（1）探索学术网络本体的自动化构建。由于本章的应用情景较为简单，所以采取了人工抽取学术网络中的概念和关系的方式，而这并不适合于概念和关系复杂的情景。因此，未来将把学术网络本体自动构建问题作为研究重点之一。

（2）考虑学术网络中的属性信息。本章对研究问题进行了简化，如未考虑学术网络中的学者领域专长、研究主题和兴趣等内容。下一步可探讨增加了内容属性的学术网络学者关联度分析方法。

第 10 章　总结与展望

10.1　全书工作总结

科研组织是知识经济时代知识创新的主体之一。知识社区的形成对科研组织知识创新具有重要价值。围绕知识社区的研究也成为当代知识管理研究的新热点。本书主要进行了科研组织中基于研究兴趣的知识社区发现研究，提出了构建基于社会资本理论的多关系融合异构社会网络以及将网络的结构信息和内容信息相结合的知识社区发现方法，并将该方法应用到武汉大学信息管理学院这一科研组织中进行实证研究。本书的具体工作总结如下：

（1）提出了一种面向科研组织多关系异构社会网络构建的方法。随着对知识网络研究的不断深入，人们发现知识单元之间存在多种复杂关系，传统的依靠单一关系构建的知识网络存在一定局限性，因此，多关系异构社会网络应运而生。本书将这种思想引入科研组织知识管理的领域中，以科研人员这一知识单元为例，构建了面向科研组织的多关系的科研人员网络（即异构社会网络），弥补了单关系网络的不足，进而能更全面准确地反映组织真实的社会关系和更清晰地刻画社会网络结构；小团体现象更加明显，这为社会网络中更精确的隐性知识社区挖掘提供了基础。

（2）将社会网络的分析方法应用到知识管理的领域中来，拓宽了知识管理研究的视野。本书构建了面向科研组织的异构社会网络，并对网络采用了社区发现、中心性分析、网络结构分析等方式，识别出网络中的核心人物，挖掘组织中有着相似研究兴趣的知识社区，有利于发掘组织中基于研究兴趣相似的潜在联系，为隐性知识的共享提供了基础。

（3）将社会资本理论有效地应用到知识管理的研究中，本书结合社会资本理论，依据社会资本的三个维度，即结构维度、关系维度和认知维度来抽取科研人员之间的关联关系，以及关联测度问题，使在此基础上构建的网络包含多种关系且关系的强度随各关系融合时的权重可以进行调整。社会资本的三个维度为异构社会网络中多种关系的选择与抽取提供了一个值得借鉴的方法。

（4）将网络节点的属性信息结合到传统的社区划分的工作中，对科研网络中的知识社区进行优化，并得到了更加理想的结果。现有的社区发现的方法在社区发现过程中往往只考虑了网络的拓扑结构或是节点内容属性中的一个方面，造成了划分结果的片面性。针对现有的不足，本书提出了一种基于网络结构和节点属性的社区发现的方法，并利用节点属性之间的语义相似度进一步优化社区划分结果。实证研究表明，该方法充分考虑了网络的结构特征和属性的内容特征，灵活地将结构的关联性与属性的相似性结合起来，能够得到更加理想的社区划分结果，这为社区划分的研究工作提供了一个新的视角。

10.2　未来工作展望

本书的探索性研究为其他组织的社会网络的构建及社区发现提供了一个可参考的原型。但由于知识社区发现仍然属于一个较新的发展领域，发现与分析组织中的知识社区对组织进行有效的知识管理具有很大的实用价值。本书的工作还存在一些问题和不足，需要对以下方面进行深入的研究与探讨：

（1）多关系的测度。本书在进行认知维度关联强度的测度时，采用了基于作者关键词耦合的方法，由于单个词在体现主题方面的局限性，在以后的研究中将尝试采用基于词对的关键词耦合方法来测度成员之间认知维度的关联强度，同时考虑词汇语义关系对网络中节点关联强度的影响。

（2）研究对象的扩展。本书目前仅以科研人员这一知识单元为例进行异构社会网络研究，下一步将以其他知识单元（如文献、期刊等）为研究对象，探索新的融合多种关联的知识网络构建方式。

（3）重叠社区。在现有的社区划分的方法中，大多将一个成员划分到某一个社区中，但是在现实情况中，一个成员极有可能同属于多个社区，因此后续的研究可以进一步尝试探究组织中重叠社区的划分方法及评价机制。

（4）社区动态性。由于社会网络本身是随着时间不断变化的，因此，网络中的社区结构也并不是一个静态的结构，它存在动态性，下一步工作可以针对组织中的社区的演化进行分析研究。

参 考 文 献

边燕杰，丘海雄. 2000. 企业的社会资本及其功效［J］. 中国社会科学，（2）：87-99.

曹源. 2008. 基于用户兴趣的科研社会网络研究与实现［D］. 国防科学技术大学硕士学位论文.

曹志辉. 2008. 后数字图书馆与知识社区的构建［J］. 情报资料工作，（5）：60-62.

陈红勤，曹小莉. 2011. 图书馆网络知识社区的知识传播机制［J］. 图书馆学研究，（1）：10-13.

陈廉芳. 2012. 试论图书馆知识社区联盟构建［J］. 新世纪图书馆，（1）：78-80.

陈仕吉. 2009. 科学研究前沿探测方法综述［J］. 现代图书情报技术，（9）：28-33.

陈卫静，郑颖. 2013. 基于作者关键词耦合的潜在合作关系挖掘［J］. 情报杂志，32（5）：127-131.

陈永隆，庄宜昌. 2003. 知识价值链［M］. 台北：中国生产力中心出版社.

程学旗，沈伟华. 2011. 社会信息网络中的社区分析［J］. 中国计算机学会通讯，7（12）：12-20.

邓少伟，罗泽，李树仁，等. 2013. 基于论文共同作者学术关系的学者推荐系统［J］. 计算机工程，39（2）：12-17.

丁敬达. 2011. 创新知识社区内部科学交流的特征和规律——基于某国家重点实验室的实证分析［J］. 情报学报，30（10）：1086-1094.

丁连红，时鹏. 2008. 网络社区发现［M］. 北京：化学工业出版社.

福山 F. 2002. 大分裂：人类本性与社会秩序的重建［M］. 刘榜离，王胜利译. 北京：中国社会科学出版社.

巩军，刘鲁. 2010. 基于知识网络的专家知识的表示与度量［J］. 科学学研究，（10）：1521-1529.

顾新，郭耀煌，李久平. 2003. 社会资本及其在知识链中的作用［J］. 科研管理，24（5）：44-48.

郭明哲. 2008. 行动者网络理论（ANT）——布鲁诺·拉图尔科学哲学研究［D］. 上海复旦大学博士学位论文.

韩瑞凯，孟嗣仪，刘云，等. 2010. 基于兴趣相似度的社区结构发现算法研究［J］. 铁路计算机应用，（10）：10-14.

韩子天，谢洪明，王成. 2008. 结构和关系维度的内部社会资本对绩效影响的实证研究［J］. 科学学与科学技术管理，29（8）：151-155.

黄禧凤. 2012. 基于知识协同的英语文化知识社区的教改研究［J］. 英语广场：学术研究，（12）：86.

赖大荣. 2011. 复杂网络社团结构分析方法研究［D］. 上海交通大学博士学位论文.

李文娟，王宇辉. 2008. 从知识管理角度看知识社区在远程教育中的应用［J］. 软件导刊，（6）：41-43.

李毅心，任南. 2007. 知识社区在我国中小企业知识管理中的应用［J］. 商场现代化，（3）：101.

刘臣，张庆普，单伟，等. 2011. 基于语义的社会网络关联路径评价及其应用［J］. 情报学报，30（2）：172-182.

刘济亮. 2006. 拉图尔的行动者网络理论研究［D］. 哈尔滨工业大学硕士学位论文.

刘军. 2009. 整体网分析讲义：UCINET 软件实用指南［M］. 上海：格致出版社，上海人民出版社.

刘萍，陈枫琳. 2013. 基于社会资本的异构社会网络构建研究［J］. 情报学报，32（8）：805-816.

刘萍，周梦欢. 2012. 基于共词网络的专家专长挖掘［J］. 情报科学，30（12）：1815-1819.

刘晓英. 2010. 知识关联及其应用研究［D］. 湘潭大学硕士学位论文.

刘志辉. 2010. 作者关键词耦合分析及其在研究领域分析中的应用研究［D］. 中国科学院研究生院博士学位论文.

刘志辉，郑彦宁. 2013. 基于作者关键词耦合分析的研究专业识别方法研究［J］. 情报学报，32（8）：788-796.

龙昕. 2010. 面向专家检索的社区挖掘研究［D］. 云南大学硕士学位论文.

骆国靖. 2008. 基于主题模型的模块化网络和社区挖掘［D］. 浙江大学硕士学位论文.

吕鹏辉，刘盛博. 2014. 学科知识网络实证研究（Ⅳ）合作网络的结构与特征分析［J］. 情报学报，（4）：367-374.

马瑞敏，倪超群. 2011. 基于作者同被引分析的我国图书馆学知识结构及其演变研究［J］. 中国图书馆学报，37（6）：17-26.

孟徽，邓心安. 2009. 我国高校科研态势与科研体制改革对策［J］. 世界科技研究与发展，31（2）：374-376，356.

裴雷，马费成. 2006. 社会网络分析在情报学中的应用和发展［J］. 图书馆论坛，26（6）：40-45.

彭玲. 2010. 基于主题及核心人物的邮件网络社区发现研究［D］. 苏州大学硕士学位论文.

秦鸿. 2007. 知识社区——后数字图书馆时代的信息空间［J］. 现代情报，27（3）：93-95.

任曼. 2011. 基于社会资本理论的网上知识社区知识共享影响因素研究［D］. 西安电子科技大学硕士学位论文.

尚志丛. 2008. 科学社会学——方法与理论基础［M］. 北京：高等教育出版社.

石文典，刘芬，钟高峰. 2008. 实践社区沟通模式及其影响因素研究［J］. 宁波大学学报（人文科学版），（3）：118-122.

宋志理. 2010. 基于 LDA 模型的文本分类研究［D］. 西安理工大学硕士学位论文.

孙海生. 2012. 作者关键词共现网络及实证研究［J］. 情报杂志，31（9）：63-67.

谈涟亮. 2003. 创建企业知识社区［J］. 研究与发展管理，15（4）：19-23.

滕尼斯 F. 1999. 社会共同体与社会［M］. 林荣远译. 北京：商务印书馆.

万中航. 2003. 哲学小辞典［M］. 上海：上海辞书出版社.

王福生，石秀春，杨洪勇. 2009. 基于作者簇的科研合作网络模型［J］. 情报理论与实践，30（1）：34-37.

王昊，苏新宁. 2009. CSSCI 本体概念模型的构建和描述［J］. 中国图书馆学报，（3）：43-51.

王辉，施佺，徐波，等. 2011. 基于 Web 社会网络的节点间关系多样性分析［J］. 解放军理工大学学报（自然科学版），12（6）：593-598.

王珏，周志华，周傲英. 2006. 机器学习及其应用［M］. 北京：清华大学出版社.

王利萍, 成全, 刘勇. 2007. 图书馆 2.0 网络知识社区构建 [J]. 情报杂志, 26 (12): 150-156.

王萍. 2011. 基于概率主题模型的文献知识挖掘 [J]. 情报学报, 30: 583-590.

王三义, 刘新梅, 万威武. 2007. 社会资本结构维度对企业间知识转移影响的实证研究 [J]. 科学进步与对策, 24 (4): 105-107.

王晓光. 2009. 科学知识网络的形成与演化 (I) 共词网络方法的提出 [J]. 情报学报, 28 (4): 599-605.

王知津, 谢瑶. 2008a. 基于知识社区的 e-learning 模式构建 [J]. 图书情报知识, (5): 38-42.

王知津, 谢瑶. 2008b. 基于知识社区的 e-learning 及实例分析 [J]. 情报资料工作, (3): 101-104.

吴超. 2010. 在线社会化网络的语义分析和语义社会网的构建 [D]. 浙江大学博士学位论文.

吴鹏, 李思昆. 2009. 社会网络信息的本体论建模与可视化 [J]. 计算机辅助设计与图形学学报, 21 (4): 518-525.

吴鹏, 李思昆. 2011. 基于领域本体的社会网络信息分析与可视化 [J]. 计算机工程与科学, 33 (12): 66-71.

武淑媛. 2010. 社会网络视角下的高校科研团队知识交流研究 [D]. 大连理工大学硕士学位论文.

席运江, 党延忠. 2005. 基于知识网络的专家领域知识发现及表示方法 [J]. 系统工程, (8): 110-115.

席运江, 党延忠. 2007. 基于加权知识网络的个人知识存量表示与度量方法 [J]. 管理学报, (1): 28-39.

肖连杰. 2010. 科研合作网络节点重要性评价方法研究 [D]. 大连理工大学硕士学位论文.

肖连杰, 吴江宁, 宜照国. 2010. 科研合作网中节点重要性评价方法及实证研究 [J]. 科学学与科学技术关联, (6): 12-15.

杨洪勇, 张嗣瀛. 2008. 作者合作复杂网络模型 [J]. 情报科学, 26 (5): 774-779.

袁毅, 杨成明. 2011. 微博客用户信息交流过程中形成的不同社会网络及其关系实证研究 [J]. 图书情报工作, 55 (12): 31-35.

张福增, 杨洪勇, 李阿丽. 2007. 科学家影响关系网络与科学家的影响力 [J]. 复杂系统与复杂性科学, 4 (2): 45-50.

张林安. 2011. 多关系社会网络社区挖掘方法研究 [D]. 哈尔滨工程大学硕士学位论文.

张伟哲, 王佰玲, 何慧, 等. 2012. 基于异质网络的意见领袖社区发现 [J]. 电子学报, 10: 1927-1932.

张晓娟, 陆伟, 程齐凯. 2012. PLSA 在图情领域专家专长识别中的应用 [J]. 现代图书情报技术, (2): 76-81.

章伟. 2008. 社会资本的三个维度与企业家成长 [J]. 华中科技大学学报, 22 (5): 85-91.

赵鹏, 蔡庆生, 王清毅. 2008. 交联网络中的可重叠社团结构分析算法 [J]. 华南理工大学学报, 36 (5): 19-23.

钟伟金, 李佳, 杨兴菊. 2008. 共词分析法研究 (三) ——共词聚类分析法的原理与特点 [J]. 情报杂志, 27 (7): 118-120.

朱大勇，侯晓荣，张新丽. 2009. 遗传聚类的社团结构发现［J］. 智能系统学报，4（1）：81-84.

Abbasi A，Hossain L，Uddin S，et al. 2011. Evolutionary dynamics of scientific collaboration networks：multi-levels and cross-time analysis［J］. Scientometrics，（89）：687-710.

Ahlgren P，Jarneving B，Rousseau R. 2003. Requirements for a cocitation similarity measure，with special reference to Pearson's correlation coefficient［J］. Journal of the American Society for Information Science and Technology，54（6）：550-560.

Ahn Y Y，Bagrow J P，Lehmann S. 2010. Link communities reveal multiscale complexity in networks［J］. Nature，466（7307）：761-764.

Alba R D. 1973. A graph-theoretic definition of a sociometric clique［J］. Journal of Mathematical Sociology，3（1）：113-126.

Antoniou G，van Harmelen F. 2003. Web ontology language：OWL［A］/// Staab S，Studer R. Handbook on Ontologies in Information Systems［C］. Berlin：Springer-Verlag.

Asur S，Parthasarathy S，Ucar D. 2009. An event-based framework for characterizing the evolutionary behavior of interaction graphs［J］. ACM Transactions on Knowledge Discovery from Data（TKDD），3（4）：16.

Balog K，Maarten R. 2007. Determining expert profiles（with an application to expert finding）［C］. Proceeding IJCAI'07 Proceedings of the 20th International Joint Conference on Artifical Intelligence.

Barabasi A L，Albert R. 1999. Emergence of scaling in random networks［J］. Science，286：509.

Barnes E R. 1982. An algorithm for partitioning the nodes of a graph［J］. SIAM Journal on Algebraic Discrete Methods，3（4）：541-550.

Baumes J，Goldberg M K，Krishnamoorthy M S，et al. 2005. Finding communities by clustering a graph into overlapping subgraphs［J］. IADIS AC，5：97-104.

Benchettara N，Kanawati R，Rouveirol C. 2010. A supervised machine learning link prediction approach for academic collaboration recommendation［C］. Proceedings of the Fourth ACM Conference on Recommender Systems.

Berger-Wolf T Y，Saia J. 2006. A framework for analysis of dynamic social networks［C］. Proceedings of the 12th ACM SIGKDD International Conference on Knowledge Discovery and Data Mining.

Berners-Lee T，Hendler J，Lassila O. 2001. The semantic Web［J］. Scientific American，284（5）：34-43.

Bezdek J C. 1981. Pattern Recognition with Fuzzy Objective Function Algorithms［M］. New York：Kluwer Academic Publishers.

Bielaczyc K，Collins A. 1999. Learning communities in classrooms：a reconceptualization of dducational practice［J］. Instructional-Design Theories and Models：A New Paradigm of Instructional Theory，（2）：269-292.

Blei D M, Ng A Y, Jordan M I. 2003. Latent Dirichlet allocation[J]. The Journal of Machine Learning Research, 3: 993-1022.

Blondel V D, Guillaume J L, Lambiotte R, et al. 2008. Fast unfolding of communities in large networks [J]. Journal of Statistical Mechanics Theory & Experiment, 30 (2): 155-168.

Borgatti S P, Mehra A, Brass D, et al. 2009. Network analysis in the social sciences [J]. Science, (323): 892-895.

Borst P, Akkermans H. 1997. An ontology approach to product disassembly [J]. Lecture Notes in Computer Science, 1319: 33-48.

Bourdieu P. 1986. The forms of capital [A] // Richardson J. Handbook of Theory and Research for the Sociology of Education [C]. New York: Greenwood.

Cabanac G. 2011. Accuracy of inter-researcher similarity measures based on topical and social clues [J]. Scientometrics, 87 (3) : 597-620.

Cai D, Shao Z, He X F, et al. 2005. Mining hidden community in heterogeneous social networks[C]. Proceedings of the 3rd International Workshop on Link Discovery, Chicago.

Campbell C S, Maglio P P, Cozzi A, et al. 2003. Expertise identification using email communications [C]. Proceedings of the Twelfth International Conference on Information and Knowledge Management.

Cantador I, Castells P. 2006. Multilayered semantic social network modeling by ontology-based user profiles clustering: application to collaborative filtering [C]. Proceedings of 15th International Conference on Managing Knowledge in a World of Networks, Czech.

Chakrabarti D, Faloutsos C. 2006. Graph mining: laws, generators, and algorithms [J]. ACM Computing Surveys (CSUR), 38 (1): 2.

Chakrabarti D, Kumar R, Tomkins A. 2006. Evolutionary clustering[C]. Proceedings of the 12th ACM SIGKDD International Conference on Knowledge Discovery and Data Mining.

Chen C M, Ibekwe-SanJuan F, Hou J H. 2010. The strcuture and dynamics of cocitation clusters: a multiplc-pcrspcctivc cocitation analysis [J]. Journal of the American Society for Information Science and Technology, 61 (7): 1386-1409.

Chi Y, Song X D, Zhou D Y, et al. 2007. Evolutionary spectral clustering by incorporating temporal smoothness [C]. Proceedings of the 13th ACM SIGKDD International Conference on Knowledge Discovery and Data Mining.

Coleman J. 1988. Social capital in the creation of human capital [J]. American Journal of Sociology, (94): 95-120.

Combe D, Largeron C, Egyed-Zsigmond E, et al. 2012. Combining relations and text in scientific network clustering[C]. Proceedings of 2012 IEEE/ACM International Conference on Advances in Social Networks Analysis and Mining (ASONAM) .

Cruz J D, Bothorel C, Poulet F. 2011a. Entropy based community detection in augmented social networks [C] . 2011 International Conference on Computational Aspects of Social Networks (CASoN) .

Cruz J D, Bothorel C, Poulet F. 2011b. Semantic clustering of social networks using points of view[C]. Proceedings of CORIA.

Dang T A, Viennet E. 2012. Community detection based on structural and attribute similarities [C] . Proceedings of the Sixth International Conference on Digital Society (ICDS), Valencia, Spain.

de Castro R, Grossman J W. 1999. Famous trails to Paul Erdős [J] . The Mathematical Intelligencer, 21 (3) : 51-53.

Ding L, Zhou L, Finin T. 2003. Trust based knowledge outsourcing for semantic web agents [C] . Proceedings of the 2003 IEEE/WIC International Conference on Web Intelligence.

Ding Y. 2011. Scientific collaboration and endorsement: network analysis of coauthorship and citation networks [J] . Journal of Informetrics, 5 (1): 187-203.

Ding Y, Cronin B. 2011. Popular and/or prestigious? Measures of scholarly esteem [J] . Information Processing & Management, 47 (1) : 80-96.

Ding Y, Chowdhury G G, Foo S. 2000. Journal as markers of intellectual space: journal co-citation analysis of information retrieval area, 1987-1997 [J] . Scientometrics, 47 (1) : 55-73.

Donath W E, Hoffman A J. 1973. Lower bounds for the partitioning of graphs [J] . IBM Journal of Research and Development, 17 (5): 420-425.

Donohue J. 1973. Understanding Scientific Literature: a Bibliographic Approach [M] . Cambridge: The MIT Press.

Duch J, Arenas A. 2005. Community detection in complex networks using extremal optimization [J] . Physical Review E, 72 (2): 027104.

Elias P, Feinstein A, Shannon C E. 1956. A note on the maximum flow through a network [J] . Information Theory Ire Transactions on, 2 (4): 117-119.

Erétéo G, Gandon F, Corby O, et al. 2009. Semantic social network analysis[J]. Eprint Arxiv, 0904. 3701: 178-185.

Evans T S, Lambiotte R. 2010. Line graphs of weighted networks for overlapping communities[J]. The European Physical Journal B, 77 (2): 265-272.

Flake G W, Lawrence S, Giles C L. 2000. Efficient identification of Web communities [C] . Proceedings of the 6th ACM SIGKDD International Conference on Knowledge Discovery and Data Mining.

Flake G W, Lawrence S, Giles C L, et al. 2002. Self-organization and identification of Web communities [J] . IEEE Computer, 35 (3): 66-71.

FOAF. 2015-06-12. The friend of a friend (FOAF) project [EB/OL] . http: //www.foaf-project.org/.

Fortunato S. 2010. Community detection in graphs [J]. Physics Reports, 486 (3): 75-174.

Fouss F, Pirotte A, Renders J M, et al. 2007. Random-walk computation of similarities between nodes of a graph with application to collaborative recommendation [J]. Knowledge & Data Engineering IEEE Transactions on, 19 (3): 355-369.

Freeman L C. 1979. Centrelity in social networks: conceptual clarification [J]. Social Networks, 1: 215-239.

Gabrilovich E, Markovitch S. 2007. Computing semantic relatedness using Wikipedia-based explicit semantic analysis [C]. Proceedings of the 20th International Joint Conference on Artificial Intelligence.

Garfield E. 1955. Citation indexes for science: a new dimension in documentation through association of ideas [J]. Science, 122: 108-111.

Garfield E. 1972. Citation analysis as a tool in journal evaluation [C]. American Association for the Advancement of Science.

Girvan M, Newman M E J. 2002. Community structure in social and biological networks [J]. PNAS USA, 99 (12): 7821-7826.

Glänzel W, Schubert A. 1988.Characteristic scores and scales in assessing citation impact [J]. Journal of Information Science, 14 (2): 123-127.

Golbeck J, Rothstein M. 2008. Linking social networks on the Web with FOAF: a semantic Web case study [C]. Proceedings of the Twenty-Third AAAI Conference on Artificial Intelligence.

Granovetter M S. 1973. The strength of weak ties[J]. American Journal of Sociology,(78):1360-1380.

Gruber T. 1993. What is an ontology? [J]. Encyclopedia of Database System, 23 (4): 1-17.

Guimera R, Amaral L A N. 2005. Functional cartography of complex metabolic networks [J]. Nature, 433 (7028): 895-900.

Guy I, Jacovi M, Shahar E, et al. 2008. Harvesting with SONAR: the value of aggregating social network information [C]. Proceedings of the SIGCHI Conference on Human Factors in Computing Systems.

Harary F, Norman R Z. 1953. Graph theory as a mathematical model in social science[C]. Institute for Social Research, University of Michigan.

Havemann F, Heinz M, Struck A, et al. 2011. Identification of overlapping communities and their hierarchy by locally calculating community-changing resolution levels [J]. Journal of Statistical Mechanics: Theory and Experiment, (1): 1023.

Hofmann T. 1999. Probabilistic latent semantic indexing [C]. Proceedings of the 22nd Annual International ACM SIGIR Conference on Research and Development in Information Retrieval.

Hu Y, Chen H, Zhang P, et al. 2008. Comparative definition of community and corresponding identifying algorithm [J]. Physical Review E, 78 (2): 26121.

Huang S W, Wang A P. 2010. Examining the small world phenomenon in the patent citation network: a case study of the radio frequency identification(RFID)network [J]. Scientometrics, (82): 121-134.

Jeh G, Widom J. 2002. SimRank: a measure of structural-context similarity [C]. Proceedings of the Eighth ACM SIGKDD International Conference on Knowledge Discovery and Data Mining.

Jung J J, Euzenat J. 2007. Towards semantic social networks [C]. Proceedings of 4th European Semantic Web Conference, Innsbruck, Austria.

Kernighan B W, Lin S. 1970. An efficient heuristic procedure for partitioning graphs [J]. Bell Labs Technical Journal, 49 (2): 291-307.

Kessler M M. 1963. Bibliographic coupling between scientific papers [J]. American Documentation, 14 (1): 10-25.

Kim M S, Han J. 2009. A particle-and-density based evolutionary clustering method for dynamic networks [J]. Proceedings of the VLDB Endowment, 2 (1): 622-633.

Kim U S. 2007. Edge partitioning and finding community structure using spectral decomposition [D]. PhD. Dissertation, University of Florida.

Knuth D E. 1993. The Stanford Graph Base: A Platform for Combinatorial Computing [M]. Reading: Addison-Wesley.

Kumpula J M, Kivelä M, Kaski K, et al. 2008. Sequential algorithm for fast clique percolation [J]. Physical Review E, 78 (2): 26109.

Lancichinetti A, Fortunato S, Kertész J. 2009. Detecting the overlapping and hierarchical community structure in complex networks [J]. New Journal of Physics, 11 (3): 33015.

Lave J, Wenger E. 1991. Situated Learning: Legitimate Peripheral Participation [M]. New York: Cambridge University Press.

Lawrence K F, Schraefel M C. 2006. Bringing communities to the semantic web and the semantic web to communities [C]. Proceedings of the 15th International Conference on World Wide Web.

Lee C, Reid F, McDaid A, et al. 2010. Detecting highly overlapping community structure by greedy clique expansion[C]. In Proceedings of the 4th Workshop on Social Network Mining and Analysis Held in Conjunction with the International Conference on Knowledge Discovery and Data Mining.

Lee D H, Brusilovsky P, Schleyer T. 2011. Recommending collaborators using social features and mesh terms [J]. Proceedings of the American Society for Information Science and Technology, 48 (1): 1-10.

Lee K S, Hong M, Jung J, et al. 2012. Building a semantic social network based on interpersonal relationships [C]. Proceedings of Third FTRA International Conference on Mobile, Ubiquitous, and Intelligent Computing (MUSIC).

Leydesdorff L. 1997. Why words and co-words cannot map the development of the sciences [J].

Journal of the American Society for Information Science, 48 (5): 418-427.

Li C, Datta A, Sun A. 2012. Mining latent relations in peer-production environments: a case study with Wikipedia article similarity and controversy [J]. Social Network Analysis and Mining, 2 (3): 265-278.

Li H J, Nie Z Q, Lee W C, et al. 2008. Scalable community discovery on textual data with relations [C]. Proceedings of the 17th ACM Conference on Information and Knowledge Management.

Li J, Zhao G, Rong C, et al. 2013. Semantic description of scholar-oriented social network cloud [J]. The Journal of Supercomputing, 65 (1): 415-420.

Li M, Wu J, Wang D, et al. 2007. Evolving model of weighted networks inspired by scientific collaboration networks [J]. Physica A: Statistical Mechanics and its Applications, 375 (1): 355-364.

Li T, Ma S, Ogihara M. 2004. Entropy-based criterion in categorical clustering[C]. Proceedings of the 21st International Conference on Machine Learning.

Li Y M, Liao T F, Lai C Y. 2012. A social recommender mechanism for improving knowledge sharing in online forums [J]. Information Processing & Management, 48 (5): 978-994.

Liben-Nowell D, Kleinberg J. 2007. The link-prediction problem for social networks[J]. Journal of the American Society for Information Science and Technology, 58 (7): 1019-1031.

Lin Y R, Chi Y, Zhu S H, et al. 2008. Facetnet: a framework for analyzing communities and their evolutions in dynamic networks [C]. Proceedings of the 17th International Conference on World Wide Web.

Liu P, Curson J, Dew P. 2002. Exploring RDF for expertise matching within an organizational memory [A] // Pidduck A B, Mylopoulos J, Woo C, et al. Lecture Notes in Computer Science [C]. Berlin: Springer-Verlag.

Liu W, IslamajDoğan R, Kim S, et al. 2014. Author name disambiguation for PubMed [J]. Journal of the Association for Information Science and Technology, 65 (4): 765-781.

Liu X, Bollen J, Nelson M L, et al. 2005. Co-authorship networks in the digital library research community [J]. Information Processing & Management, 41 (6): 1462-1480.

Lorrain F, White H C. 1971. The structural equivalence of individuals in social networks [J]. Journal of Mathematical Sociology, 1 (1): 49-80.

Lu K, Wolfram D. 2012. Measuring author research relatedness: a comparison of word-based, topic-based, and author cocitation approaches[J]. Journal of the American Society for Information Science and Technology, 63 (10): 1973-1986.

Luce R D. 1950. Connectivity and generalized cliques in sociometric group structure [J]. Psychometrika, 15 (2): 169-190.

Luce R D, Perry A D. 1949. A method of matrix analysis of group structure [J] . Psychometrika, 14 (2): 95-116.

Ma N, Guan J, Zhao Y. 2008. Bringing PageRank to the citation analysis [J] . Information Processing & Management, 44 (2) : 800-810.

MacQueen J. 1967. Some methods for classification and analysis of multivariate observations [C] . Proceedings of the Fifth Berkeley Symposium on Mathematical Statistics and Probability.

Magdon-Ismail M, Purnell J. 2011. SSDE-Cluster: fast overlapping clustering of networks using sampled spectral distance embedding and GMMs [C] . IEEE Third International Conference on Privacy, Security, Risk and Trust.

Mane K K, Börner K. 2004. Mapping topics and topic bursts in PNAS[J]. Proceedings of the National Academy of Sciences, 101 (Suppl 1) : 5287-5290.

Martin M S, Gutierrez C. 2009. Representing, querying and transforming social networks with RDF-SPARQL[C]. Proceedings of 6th European Semantic Web Conference, Heraklion, Greece.

Massen C P, Doye J P K. 2005. Characterizing the network topology of the energy landscapes of atomic clusters [J] . Journal of Chemical Physics, 122 (8): 1-13.

McCarty C. 2007. Structure in personal networks [J] . Journal of Social Structure, (3): 152-159.

Michal R, GriffithsT, Steyvers M, et al. 2004. The author-topic model for authors and documents[C]. In Proceedings of the 20th Conference on Uncertainty in Artificial Intelligence.

Mika P. 2005. Flink: semantic web technology for the extraction and analysis of social networks [J] . Web Semantics: Science, Services and Agents on the World Wide Web, 3 (2) : 211-223.

Milojević S, Sugimoto C R, Yan E, et al. 2011. The cognitive structure of library and information science: analysis of article title words[J]. Journal of the American Society for Information Science and Technology, 62 (10) : 1933-1953.

Mockus A, Herbsleb J. 2002. Expertise browser: a quantitative approach to identifying expertise [C]. Proceeding of the 24th International Conference on Software Engineering.

Mokken R J. 1979. Cliques, clubs and clans [J] . Quality & Quantity, 13 (2): 161-173.

Moreno J L. 1933. Emotions mapped by new geography [J] . New York Times, 3: 17.

Mucha P J, Richardson T, Macon K, et al. 2010. Community structure in time-dependent, multiscale, and multiplex networks [J] . Science, 328: 876-878.

Nahapiet J, Ghoshal S. 1998. Social capital, intellectual capital, and the organizational advantage[J]. The Academy of Management Review, 23 (2): 242-266.

Neches R, Fikes R, Finin T, et al. 1991. Enabling technology for knowledge sharing [J] . Artificial Intelligence Magazine, 12 (3): 36-56.

Nepusz T, Petróczi A, Négyessy L, et al. 2008. Fuzzy communities and the concept of bridgeness in complex networks [J] . Physical Review E, 77 (1): 16107.

Newman M E J. 2001. Scientific collaboration networks I. Network construction and fundamental results ［ J ］. Physical Review E, 64（1）: 16131.

Newman M E J. 2002. Modularity and community structure in networks ［ J ］. PNAS, 99（12）: 7821-7826.

Newman M E J. 2004a. Detecting community structure in networks ［ J ］. The European Physical Journal B-Condensed Matter and Complex Systems, 38（2）: 321-330.

Newman M E J. 2004b. Analysis of weighted networks ［ J ］. Physical Review E, 70: 56131.

Newman M E J. 2004c. Coauthorship networks and patterns of scientific collaboration ［ J ］. Proceedings of the National Academy of Sciences, 101（Suppl 1）: 5200-5205.

Newman M E J. 2006. Finding community structure in networks using the eigenvectors of matrices ［ J ］. Physical Review E, 74（3）: 6104.

Newman M E J, Girvan M. 2004. Finding and evaluating community structure in networks ［ J ］. Physical Review E, 69（2）: 26113.

Ng A Y, Jordan M I, Weiss Y. 2002. On spectral clustering: analysis and an algorithm ［ J ］. Advances in Neural Information Processing Systems, 2: 849-856.

Oh S, Yeom H Y. 2012. A social network extraction based on relation analysis ［ C ］. Proceedings of the 6th International Conference on Ubiquitous Information Management and Communication.

Opuszko M, Ruhland J. 2012. Classification analysis in complex online social networks using semantic Web technologies ［ C ］. Proceedings of the 2012 International Conference on Advances in Social Networks Analysis and Mining（ASONAM 2012）, IEEE Computer Society.

Palla G, Barabási A L, Vicsek T. 2007. Quantifying social group evolution ［ J ］. Nature, 446（7136）: 664-667.

Palla G, Derényi I, Farkas I, et al. 2005. Uncovering the overlapping community structure of complex networks in nature and society ［ J ］. Nature, 435（7043）: 814-818.

Perez A G, Benjamins V R. 1999. Overview of knowledge sharing and reuse components: ontologies and problem-solving methods ［ C ］. In Proceedings of the IJCAI-99 Workshop on Ontologies and Problem-Solving Methods.

Perugini S, Gonçalves M A, Fox E A. 2004. Recommender systems research: a connection-centric survey ［ J ］. Journal of Intelligent Information Systems, 23（2）: 107-143.

Peter J M, Thomas R, Kevin M, et al. 2010. Community structure in time-dependent, multiscale, and multiplex networks ［ J ］. Science, 328（5980）: 876-878.

Radicchi F, Castellano C, Cecconi F, et al. 2004. Defining and identifying communities in networks ［ J ］. PNAS USA, 101（9）: 2658-2663.

Radicchi F, Fortunato S, Markines B, et al. 2009. Diffusion of scientific credits and the ranking of scientists ［ J ］. Physical Review E, 80（5）: 56103.

Ramon S. 2001. NetExpert: a multiagent system for expertise location [C]. Proceedings of Internation Joint Conference on Artificial Intelligence (IJCAI' 01) Workshop Organizational Memories and Knowledge Management.

Reagans R, McEvily B. 2003. Network structure and knowledge transfer: the effects of cohesion and range [J]. Administrative Science Quarterly June, (48): 240-267.

Rodriguez M A. 2006. A multi-relational network to support the scholarly communication process [J]. International Journal of Public Information Systems, (1): 13-29.

Rodriguez M A, Shinavier J. 2010. Exposing multi-relational networks to single-relational network analysis algorithms [J]. Journal of Informetrics, 4 (1): 29-41.

Rosell M, Kann V, Jan E. 2004. Comparing comparisons: document clustering evaluation using two manual classification [J]. Numerical Analysis & Computer Science Nada, 4: 167-175.

Salton G, Wong A, Yang C S. 1975. A vector space model for automatic indexing[J]. Communications of ACM, 18 (11): 613-620.

Sanghee K. 2001. Natural language processing for expertise modeling in e-mail communication [C]. Proceedings of Third International Conference on Intelligent Data Engineering & Automated Learning.

Sarigöl E, Pfitzner R, Scholtes I, et al. 2014. Predicting scientific success based on coauthorship networks [J]. EPJ Data Science, 3 (1): 1-16.

Scott J. 2000. Social Network Analysis: A Handbook (2nd ed.) [M]. London: Sage.

Seidman S B. 1983. Network structure and minimum degree [J]. Social Networks, 5 (3): 269-287.

Seidman S B, Foster B L. 1978. A graph-theoretic generalization of the clique concept [J]. Journal of Mathematical sociology, 6 (1): 139-154.

Shi J, Malik J. 2000. Normalized cuts and image segmentation [J]. Pattern Analysis and Machine Intelligence, IEEE Transactions on, 22 (8): 888-905.

Šíma J, Schaeffer S E. 2006. On the NP-completeness of some graph cluster measures [J]. Lecture Notes in Computer Science, 3831: 530-537.

Small H. 1973. Co-citation in the scientific literature: a new measure of the relationship between two documents [J]. Journal of the American Society for information Science, 24 (4): 265-269.

Steinhaeuser K, Chawla N V. 2008. Community detection in a large real-world social network [C]. Proceedings of International Conference on Social Computing, Behavioral Modeling, and Prediction, Springer US.

Steinhaeuser K, Chawla N V. 2010. Identifying and evaluating community structure in complex networks [J]. Pattern Recognition Letters, 31 (5): 413-421.

Sternberg R J. 2000. Practical Intelligence in Everyday Life[M]. Cambridge: Cambridge University Press.

Steyvers M, Griffiths T. 2004. Finding scientific topics [C]. Proceedings of National Academy of Sciences, USA.

Strehl A, Ghosh J. 2003. Cluster ensembles—a knowledge reuse framework for combining multiple partitions [J]. The Journal of Machine Learning Research, 3: 583-617.

Studer R, Benjamins V R, Fensel D. 1998. Knowledge engineering, principles and methods [J]. Data and Knowledge Engineering, 25 (122): 161-197.

Suaris P R, Kedem G. 1988. An algorithm for quadrisection and its application to standard cell placement [J]. Circuits & Systems IEEE Transactions on, 35 (3): 294-303.

Sun J M, Faloutsos C, Papadimitriou S, et al. 2007. Graphscope: parameter-free mining of large time-evolving graphs [C]. Proceedings of the 13th ACM SIGKDD International Conference on Knowledge Discovery and Data Mining.

Sun Y, Danila B, Josic K, et al. 2009a. Improved community structure detection using a modified fine tuning strategy [J]. Europhysics Lett, 86 (2): 28004.

Sun Y, Yu Y T, Han J W. 2009b. Ranking-based clustering of heterogeneous information networks with star network schema [C]. Proceedings of the 15th ACM SIGKDD International Conference on Knowledge Discovery and Data Mining.

Sun Y, Han J W, Zhao P X, et al. 2009c. Rankclus: integrating clustering with ranking for heterogeneous information network analysis[C]. Proceedings of the 12th International Conference on Extending Database Technology: Advances in Database Technology.

Sun Y, Barber R, Gupta M, et al. 2011. Co-author relationship prediction in heterogeneous bibliographic networks [C]. Advances in Social Networks Analysis and Mining (ASONAM), 2011 International Conference on.

Sun Y Z, Tang J, Han J W, et al. 2010. Community evolution detection in dynamic heterogeneous information networks [C]. Proceedings of the Eighth Workshop on Mining and Learning with Graphs, New York.

Szell M, Lambiotte R, Thurner S. 2010. Multirelational organization of large-scale social networks in an online world [C]. Proceedings of the National Academy of Sciences of the United States of America.

Tang J, Fong A C M, Wang B, et al. 2012. A unified probabilistic framework for name disambiguation in digital library [J]. Knowledge and Data Engineering, IEEE Transactions on, 24 (6): 975-987.

Tang J, Zhang J, Yao L, et al. 2008. ArnetMiner: extraction and mining of academic social network[C]. Proceedings of the 14th ACM SIGKDD International Conference on Knowledge Discovery and Data Mining.

Tang L, Liu H, Zhang J P, et al. 2008. Community evolution in dynamic multi-mode networks [C]. Proceedings of the 14th ACM SIGKDD International Conference on Knowledge Discovery and Data Mining, New York.

Tang L, Wang X F, Liu H, et al. 2010. A multi-resolution approach to learning with overlapping communities［C］. Proceedings of the First Workshop on Social Media Analytics.

Tang L，Wang X，Liu H. 2012. Community detection via heterogeneous interaction analysis［J］. Data Mining and Knowledge Discovery，25（1）：1-33.

Tantipathananandh C，Berger-Wolf T，Kempe D. 2007. A framework for community identification in dynamic social networks［C］. Proceedings of the 13th ACM SIGKDD International Conference on Knowledge Discovery and Data Mining.

Turner G. 2005. If management requires measurement how may we cope with knowledge［J］. Singapore Management Review，（3）：101-111.

Tyler J R，Wilkinson D M，Huberman B A. 2003. E-mail as spectroscopy：automated discovery of community structure within organizations［C］. Proceedings of the 1st International Conference on Communities and Techno-logies.

Viennet E. 2012. Community detection based on structural and attribute similarities［C］. Proceedings of International Conference on Digital Society（ICDS），Valencia，Spain.

Vivacqua A S，Oliveira J，de Souza J M. 2009. i-ProSE：inferring user profiles in a scientific context［J］. The Computer Journal，52（7）：789-798.

Vragovic I，Louis E. 2006. Network community structure and loop coefficient method［J］. Physical Review E，74（1）：93-100.

Waltman L，Yan E，van Eck N J. 2011. A recursive field-normalized bibliometric performance indicator：an application to the field of library and information science［J］. Scientometrics，89（1）：301-314.

Wang G X，Shen Y，Ouyang M. 2008. A vector partitioning approach to detecting community structure in complex networks［J］. Computers & Mathematics with Applications，55（12）：2746-2752.

Wasserman S，Faust K. 1994. Social Network Analysis：Methods and Applications［M］. Cambridge：Cambridge University Press.

Watts D J，Strogatz S H. 1998. Collective dynamics of "small-world" networks［J］. Nature，393（6684）：409-410.

Wenger E，McDermott R，Snyder W M. 2002. Cultivating Communities of Practice［M］. Cambridge：Harvard Business School Press.

White H D，Mccain K W. 1998. Visualizing a discipline：an author co-citation analysis ofinformation science ［J］. Journal of the American Society for Information Science，49（4）：1972-1995.

Xia Z Y，Bu Z. 2012. Community detection based on a semantic network［J］. Knowledge-Based Systems，26：30-39.

Xu W L. 2007. Using wikipedia and language model to analyze academic expertise without historic corpus［D］. Master Dissertation，National Taiwan University of Science and Technology.

Xu Y，Guo X，Hao J，et al. 2012. Combining social network and semantic concept analysis for personalized academic researcher recommendation [J] . Decision Support Systems, 54 (1)： 564-573.

Yan E, Sugimoto C R. 2011. Institutional interactions： exploring social, cognitive, and geographic relationships between institutions as demonstrated through citation networks [J] . Journal of the American Society for Information Science and Technology, 62 (8)： 1498-1514.

Yimam-Seid D, Kobsa A. 2003. Expert-finding systems for organizations：problem and domain analysis and the DEMOIR approach [J] . Journal of Organizational Computing and Electronic Commerce, 13 (1)： 1-24.

Zachary W W. 1977. An information flow model for conflict and fission in small groups[J] . Journal of Anthropological Research, 33： 452-473.

Zhang S, Wang R S, Zhang X S. 2007. Identification of overlapping community structure in complex networks using fuzzy c-means clustering [J] . Physica A： Statistical Mechanics and Its Applications, 374 (1)： 483-490.

Zhang Z F, Li Q D, Zeng D, et al. 2013. User community discovery from multi-relational networks [J] . Decision Support Systems, 54 (2)： 870-879.

Zhao D, Strotmann A. 2008. Evolution of research activities and intellectual influences in information science 1996-2005： introducing author bibliographic-coupling analysis [J] . Journal of the American Society for Information Science and Technology, 59 (13)： 2070-2086.

Zhao D, Strotmann A. 2011. Counting first, last, or all authors in citation analysis： a comprehensive comparison in the highly collaborative stem cell research field[J]. Journal of the American Society for Information Science and Technology, 62 (4)： 654-676.

Zhao P, Han J, Sun Y. 2009. P-Rank： a comprehensive structural similarity measure over information networks [C] . Proceedings of the 18th ACM Conference on Information and Knowledge Management.

Zhao Z Y, Feng S Z, Wang Q, et al. 2012. Topic oriented community detection through social objects and link analysis in social networks [J] . Knowledge-Based Systems, 26： 164-173.

Zhou C, Chen H, Yu T. 2008. Learning a probabilistic semantic model from heterogeneous social networks for relationship identification[C]. In Proceedings of 20th IEEE International Conference on Tools with Artificial Intelligence, ICTAI' 08, IEEE.

Zhou Y, Liu L. 2012. Clustering analysis in large graphs with rich attributes [J] . Intelligent Systems Reference Library, 23： 7-27.

Zhou Y, Cheng H, Yu J X. 2009. Graph clustering based on structural/attribute similarities [J] . Proceedings of the VLDB Endowment, 2 (1)： 718-729.

附　　录

附录 A　基于关联网络的学者相似度系统聚类结果

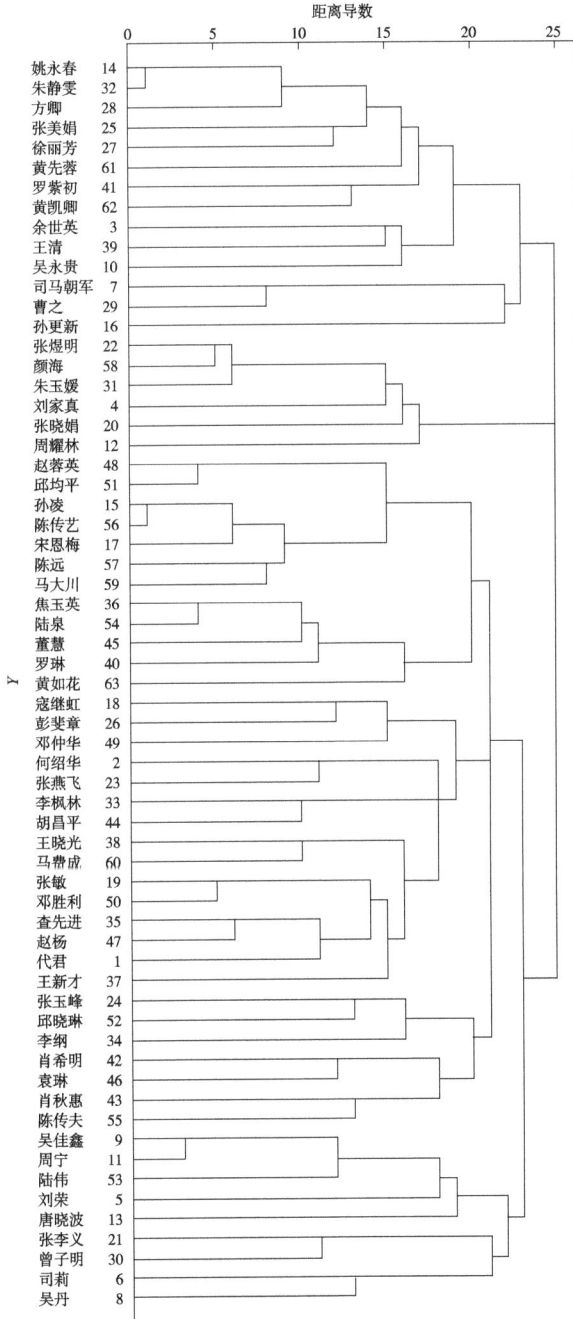

姓名	编号
姚永春	14
朱静雯	32
方卿	28
张美娟	25
徐丽芳	27
黄先蓉	61
罗紫初	41
黄凯卿	62
余世英	3
王清	39
吴永贵	10
司马朝军	7
曹之	29
孙更新	16
张煜明	22
颜海	58
朱玉媛	31
刘家真	4
张晓娟	20
周耀林	12
赵蓉英	48
邱均平	51
孙凌	15
陈传艺	56
宋恩梅	17
陈远	57
马大川	59
焦玉英	36
陆泉	54
董慧	45
罗琳	40
黄如花	63
寇继虹	18
彭斐章	26
邓仲华	49
何绍华	2
张燕飞	23
李枫林	33
胡昌平	44
王晓光	38
马费成	60
张敏	19
邓胜利	50
查先进	35
赵杨	47
代君	1
王新才	37
张玉峰	24
邱晓琳	52
李纲	34
肖希明	42
袁琳	46
肖秋惠	43
陈传夫	55
吴佳鑫	9
周宁	11
陆伟	53
刘荣	5
唐晓波	13
张李义	21
曾子明	30
司莉	6
吴丹	8

附录 B　基于作者关键词耦合的学者相似度系统聚类结果

距离导数

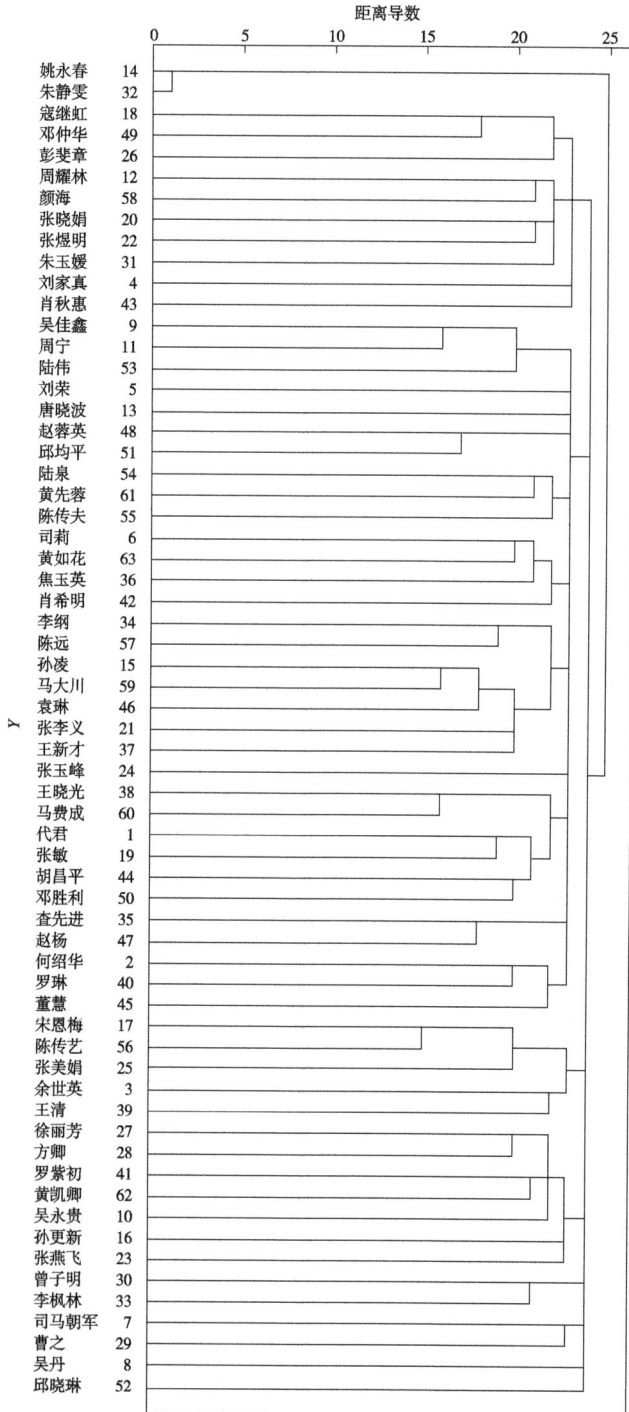

附录 C　基于向量空间模型的学者相似度系统聚类结果

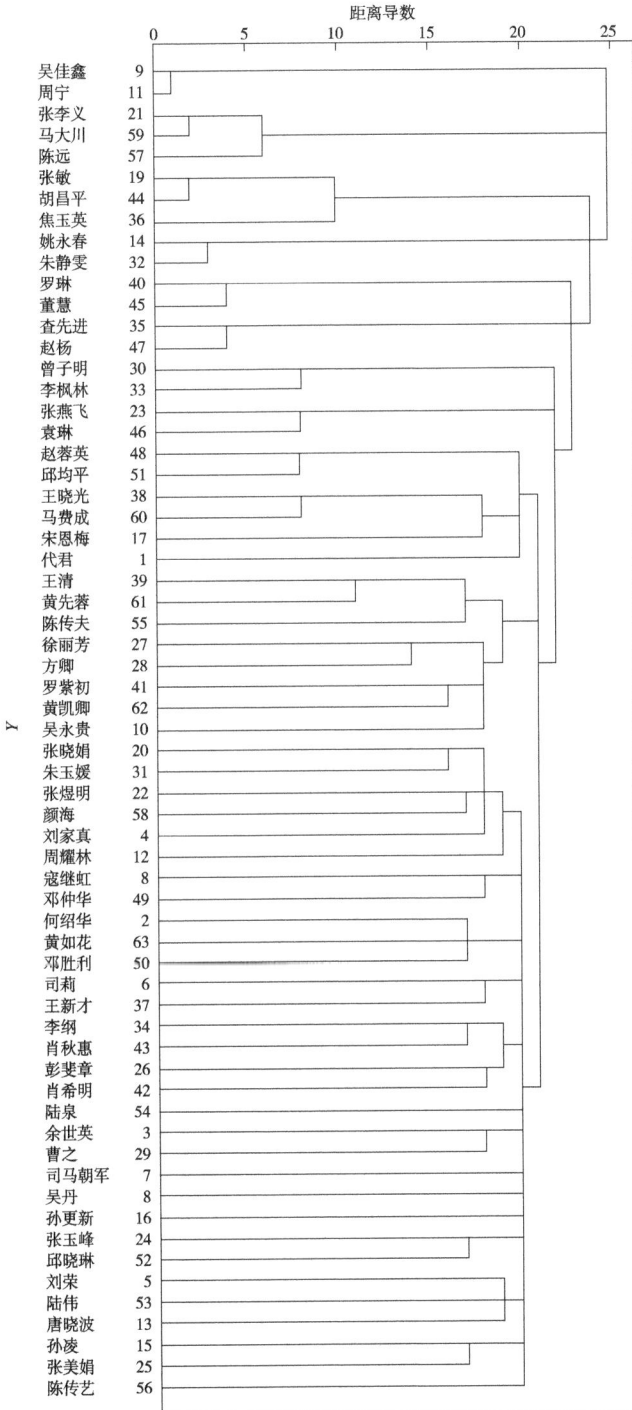

后　记

本书是国家自然科学基金青年项目（71203164）的研究成果。在本书的研究和写作过程中始终得到了我的博士后导师马费成教授的热心指导和关怀。在此，表示衷心的感谢！感谢课题组成员陈枫琳、王哲、周梦欢、吴琼、马云路、方锴一直以来的支持、努力和付出。

我还要感谢香港城市大学林开教授所提出的很有帮助的意见和建议。感谢中南财经政法大学刘勘副教授对我们课题的支持。感谢武汉大学信息管理学院信息管理科学系这个智慧和团结的集体为我提供的各种信息、资源及智力上的支援与帮助。感谢美国威斯康星大学密尔沃基分校信息研究学院解虹教授和穆祥明教授，他们在我访学期间给予了很多支持和鼓励。本书在写作中吸收和借鉴了相关学术领域研究的最新成果，在此向这些研究成果的作者致以谢忱。

本书的顺利出版要感谢科学出版社的支持，感谢责任编辑徐倩老师的付出。

书中所述为项目组三年多研究中的初步成果和一些思考，由于时间和水平有限，在内容上可能存在不足之处，期望得到学术界同仁和读者的批评与指正。